iLike就业InDesign CS4 多功能教材

叶 华 编著

電子工業出版社

Publishing House of Electronics Industry

北京·BEIJING

内 容 简 介

本书打破惯有教学思路，利用创意独特的逆向式方法来讲解，以经典实例的制作过程，来阐明InDesign CS4核心功能的理论知识，实例贯穿，内容丰富，讲解透彻。全书以通俗易懂的语言讲解了InDesign CS4的各项功能和使用技巧，文字表达与图示相结合，讲述由浅入深、循序渐进。全书内容环环相扣，分别介绍了InDesign CS4的基础知识、编辑文本、版式编排、图形绘制与编辑、路径绘制与编辑、编辑描边与颜色、对象操作与图像处理、制作表格、图层及特殊效果的设置、页面编排、编辑书籍与目录、电子出版与打印。每课通过实例的制作，使读者既能学会软件的使用，又能增强实战经验，真正实现了实例制作与理论讲解的完美结合，最后通过课后练习来培养读者的动手能力。

本书将实例制作与基础知识有机结合，不仅可以让初学者快速入门，也可以帮助中级用户迅速提高，适用于艺术制作、广告制作、书刊出版从业人员，同时也可作为各类职业院校、大中专院校或电脑培训学校的教材。

图书在版编目（CIP）数据

iLike就业InDesign CS4多功能教材/叶华编著.—北京：电子工业出版社，2010.3
ISBN 978-7-121-10329-2

Ⅰ. i… Ⅱ. 叶… Ⅲ. 排版—应用软件，InDesign CS4—教材 Ⅳ. TP803.23

中国版本图书馆CIP数据核字（2010）第022684号

责任编辑：李红玉
文字编辑：李 荣
印 刷：北京天竺颖华印刷厂
装 订：三河市鑫金马印装有限公司
出版发行：电子工业出版社
　　　　　北京市海淀区万寿路173信箱 邮编：100036
　　　　　北京市海淀区翠微东里甲2号 邮编：100036
开 本：787×1092 1/16 印张：16 字数：400千字
印 次：2010年3月第1次印刷
定 价：31.00元

前　　言

InDesign是由Adobe公司研发的一款排版软件，并且是此类软件中比较优秀的软件之一，InDesign CS4是Adobe公司推出的最新版本。与以前的版本相比，InDesign CS4在使用界面与操作性能等方面都进行了改进与增强。InDesign博采众家之长，从多种桌面排版技术中汲取精华，为杂志、书籍、广告等灵活多变、复杂的设计工作提供了一系列更完善的排版功能，尤其该软件是基于一个创新的、面向对象的开放体系，大大增强了专业设计人员用排版工具来表达创意和观点的能力。

所谓版面编排设计就是把已处理好的文字和图像图形通过合理的安排，以达到突出主题的目的。因此，在编排期间，文字的处理是影响创意发挥和工作效率的重要环节，是否能够灵活处理文字显得非常关键，InDesign CS4在这方面的优越性则表现得淋漓尽致。但是，要想达到较高的排版质量，就必须对软件有一个全面的了解，认真学习其中各个方面的知识。

本书主要讲述了InDesign CS4各方面的功能，以实例为主，向大家展示了该软件各项功能的使用方法和技巧，也展示了如何使用它来创建和制作各种不同的效果。根据编者对此软件的理解与分析，最终，将本书划分为11个课业内容，科学地将软件中的知识从整体上划分开来。

在第1课中，编者以理论和实际相结合的方法向读者介绍了InDesign CS4中的基础知识。编者将基础知识具体归纳为若干知识点，循序渐进地为大家进行讲述，对于一些具有实际操作性的问题，则以实例的表现方式展示了出来。本章的知识点主要包括软件工作界面的介绍、自定义快捷键、个性化工作界面、图像的显示，以及文件的基本操作等。读者可以在本书的具体内容中仔细查找和阅读。

从第2课至第10课，编者向大家详细介绍了InDesign CS4中的各项功能，这些知识点主要以实际操作的途径透露出来，同时夹杂了一些纯理论知识，让读者在理论与实际的结合中科学、合理地进行学习，而不像单一的文字理论类书籍一样死板，如此一来，读者会更容易接受。在实例的编排中，还插有注意、提示和技巧等小篇幅的知识点，都是一些平时容易出错的地方或者是一些操作技巧，读者可以仔细品味，体会它们的作用。

在第11课中，编者加入了电子出版与打印的相关知识，为设计制作完成后的输出工作提供了知识参考。当作品制作完毕后，一般都需要打印或输出为其他的格式以做他用，所以在本书中安排第11课的内容也是做出了充分考虑。本课以讲解理论的方式向大家讲述了超链接、导出为XML文档和打印设置等内容；以实际操作的方式向大家展示了如何将InDesign CS4中制作的文件输出为PDF格式文件。

本书在每课的具体内容中也进行了十分科学的安排，首先介绍了知识结构，其次列出了对应课程的就业达标要求，然后紧跟具体内容，为读者的学习提供了非常明了的信息与步骤。

本书内容中所涉及的公司或个人名称、优秀产品创意、图片和商标等，均为所属公司或者个人所有，本书仅为举例和宣传之用，绝无侵权之意，特此声明。本书中所涉及的人名和地址信息等均为虚构。

由于全书整理时间仓促，书中难免有不足之处，望广大读者提出批评建议。

为方便读者阅读，若需要本书配套资料，请登录"北京美迪亚电子信息有限公司"（http://www.medias.com.cn），在"资料下载"页面进行下载。

目　　录

第1课

InDesign CS4基础知识

本课知识结构

InDesign CS4具有强大的排版功能，可以被称做一款一流的排版软件。本课将带领读者正式进入InDesign CS4基础知识的学习阶段。本阶段介绍了InDesign CS4中文版的工作界面、图像的显示、文档的基本操作等知识。希望读者通过本课的学习，可以了解并掌握InDesign CS4的基本功能，为进一步学习InDesign CS4打好坚实的基础。

就业达标要求

☆ InDesign CS4工作界面   ☆ 自定义快捷键集和工作界面

☆ 图像显示   ☆ 文档的基本操作

1.1 InDesign CS4介绍

InDesign CS4作为Adobe Creative Suite 4设计套装之一，其操作界面和工作方式与Adobe公司的其他软件保持着高度的统一，因此，具有Photoshop或Illustrator操作基础的用户学习起来会更容易。

InDesign CS4打破了传统排版软件的局限，涵盖了多种排版工具的优点，能够兼容多种排版软件，融合多种图形图像处理软件的技术，使用户能够在排版过程中直接对图形图像进行高要求的调整、图文配置和设计。

InDesign CS4为报纸、杂志、书籍等出版物的排版提供了一个优秀的平台，不仅可以针对文字进行排版与编辑，还可以绘制图形、置入图片，使排版过程更为轻松与灵活。

相对于PageMaker而言，InDesign可以通过极其简单的步骤做出非常复杂的表格；通过与Illustrator和Photoshop完全相同的"钢笔工具"画出最复杂的图形；随意组合图与文字，并整体缩放；可以通过字符样式或"吸管工具"快速标出段落中重复的字符格式，甚至可以将字符样式嵌入段落样式，自动对段落进行复杂的格式化。

1.2 InDesign CS4工作界面

InDesign CS4的工作界面主要由菜单栏、工具箱、控制面板、面板、页面区域、草稿区、滚动条、状态栏等部分组成，如图1-1所示。

图1-1　InDesign CS4工作界面

工作界面中各组成部分的功能如下：

·菜单栏：包括文件、编辑、视图、窗口等9个主菜单，每一个主菜单又包括多个子菜单，通过应用这些子菜单命令可以完成各种操作。

·工具箱：包括了InDesign CS4中所有的工具，大部分工具还有其展开式工具栏，里面包含了与该工具功能相类似的工具。

·控制面板：可以通过控制面板快速访问与所选对象相关的选项。控制面板中显示的选项与所选的对象或工具对应。

·面板：面板是InDesign CS4中最重要的组件之一，在面板中可设置数值和调节功能。面板是可以折叠的，可根据需要分离或组合，具有很高的灵活性。

·页面区域：放置当前排版页面文档的页面内容，这个区域的大小就是用户设置的页面大小，只有在该范围内的内容才会被打印出来。

·草稿区：页面外的空白区域，可以在草稿区自由地绘图，完成后将图形移动到页面中。草稿区也可用于在不同的文档之间交换文字、图形及图像等，该范围内的元素不会被打印出来。

·滚动条：当屏幕内不能完全显示出整个文档的时候，通过拖动滚动条来实现浏览整个文档。

·状态栏：显示关于文件状态的信息，提供显示页面大小的比例和页面标识等信息。

1. 菜单

InDesign CS4中的菜单栏包含"文件"、"编辑"、"版面"、"文字"、"对象"、"表"、"视图"、"窗口"和"帮助"共9个菜单，如图1-2所示。每个菜单里又包含了相应的子菜单。

文件(F)　编辑(E)　版面(L)　文字(T)　对象(O)　表(A)　视图(V)　窗口(W)　帮助(H)

图1-2　菜单栏

需要使用某个命令时，首先单击相应的菜单名称，然后从下拉菜单列表中选择相应的命令即可。一些常用的菜单命令右侧显示有该命令的快捷键，如"对象"|"再次变换"|"再次

变换"菜单命令的快捷键为**Alt+Ctrl+3**，有意识地记忆一些常用命令的快捷键，可以加快操作速度，提高工作效率。

有些命令的右边有一个黑色三角形■，表示该命令还有相应的下拉子菜单，将鼠标移至该命令，即可弹出其下拉菜单。有些命令的后面有省略号■，表示用鼠标单击该命令即可打开其对话框，并且可以在对话框中进行更详细的设置。有些命令呈灰色，表示该命令在当前状态下不可用，需要选中相应的对象或进行合适的设置后，该命令才会变为黑色，表示呈可用状态。

2. 状态栏

状态栏位于**InDesign CS4**操作窗口的左下角，单击状态栏右侧的 ■ 按钮，则弹出状态栏菜单，如图1-3所示。

图1-3　InDesign CS4状态栏菜单

以下为 ■ 按钮弹出菜单作简要说明：

- 版本：显示当前使用的**InDesign**版本号。
- 在资源管理器中显示：执行该命令，可在文件系统中显示当前文件。
- 在**Bridge**中显示：执行该命令，可在**Adobe Bridge**中显示当前文件。

3. 工具箱

工具箱是**InDesign CS4**的"兵器库"，包含大量具有强大功能的工具。要使用某种工具，直接单击工具箱中的该工具即可，如图1-4所示。工具箱中的许多工具并没有直接显示出来，而是以成组的形式隐藏在右下角带小三角形的工具按钮中，用鼠标按住该工具不放，即可弹出展开工具组。例如，用鼠标按住"钢笔工具" ◊ ，将展开钢笔工具组，用鼠标单击钢笔工具组右下角的黑色三角形，钢笔工具组就从工具箱中分离出来，成为一个相对独立的工具栏，如图1-5所示。

图1-4　工具箱

图1-5　显示隐含的工具

4. 面板

面板是InDesign CS4中最重要的组件之一，包含许多实用、快捷的工具和命令，它们可以自由地拆开、组合和移动，面板以组的形式出现，如图1-6所示。

 用鼠标按住"色板"面板的标题不放，向页面中拖动，将其拖动到面板组外时，松开鼠标左键，将形成独立的面板。

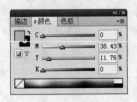

图1-6　面板

使用面板可以轻松地访问页面、信息、图层、描边、色板、对象样式，以及其他的可用选项。单击面板上方的"扩展停放"按钮，可以扩展面板。在面板中单击图标按钮，将弹出与该图标相应的面板选项。

执行"窗口"|"控制"命令，打开控制面板，可以通过控制面板快速访问与所选对象相关的选项。默认情况下，控制面板停放在工作区顶部。

通过控制面板可以访问与当前选择的页面项目或对象有关的选项、命令及其他面板。选择不同的工具或页面对象后，控制面板中会显示不同的选项，如图1-7所示。

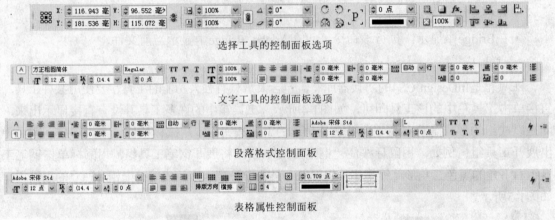

选择工具的控制面板选项

文字工具的控制面板选项

段落格式控制面板

表格属性控制面板

图1-7　控制面板的不同选项

1.3　实例：自定义快捷键

InDesign CS4为所有的常用命令都提供了快捷键（一般显示在菜单命令的右侧），来协助用户使用键盘快速地进行操作。用户可以使用InDesign默认的快捷键集，也可以使用PageMaker或QuarkXPress的快捷键集，还可以创建自定义的快捷键集。

下面新建一个基于PageMaker 7.0的名为"我的快捷键"的快捷键集，为InDesign CS4的常用菜单命令和工具修改或新增符合个人习惯的快捷键。

1. 新建快捷键集

（1）启动InDesign CS4应用程序，打开其工作界面。

（2）执行"编辑"|"键盘快捷键"命令，打开"键盘快捷键"对话框，如图1-8所示。

（3）单击"新建集"按钮，打开"新建集"对话框。在"名称"文本框中输入"我的快捷键"，在"基于集"下拉列表框中选择"PageMaker 7.0快捷键"选项，如图1-9所示。

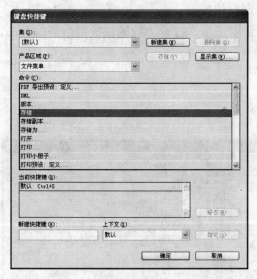

图1-8　"键盘快捷键"对话框　　　　　图1-9　"新建集"对话框

（4）单击"确定"按钮返回"键盘快捷键"对话框。

2. 修改快捷键

（1）在"产品区域"下拉列表框中选择"编辑菜单"选项，在"命令"列表框中选择"原位粘贴"选项，此时在"当前快捷键"列表框中列出了系统默认的快捷键，如图1-10所示。

（2）在"当前快捷键"列表框中选中系统默认的快捷键，单击该列表框右边的"移去"按钮，删除默认的快捷键。

（3）如果要将快捷键设置为Ctrl+9，在"新建快捷键"文本框中按Ctrl+9组合键，在"上下文"下拉列表框中选择"默认"选项，如图1-11所示。

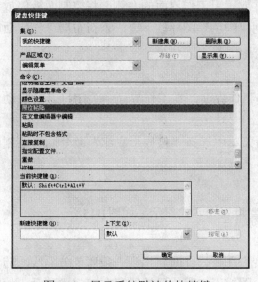

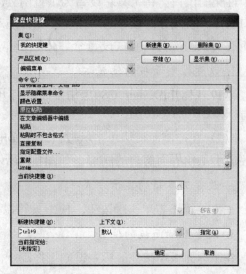

图1-10　显示系统默认的快捷键　　　　　图1-11　输入新的快捷键

（4）单击"上下文"下拉列表框右边的"指定"按钮，新的快捷键将出现在"当前快捷键"列表框中，如图1-12所示。

（5）使用同样的方法，为其他命令指定自定义快捷键。

（6）单击"显示集"接钮，InDesign CS4会用记事本打开"我的快捷键"集的列表，如图1-13所示。

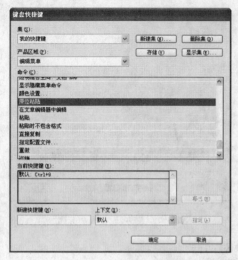

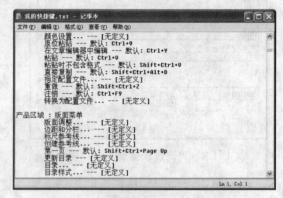

图1-12　指定新的快捷键　　　　　　　图1-13　"我的快捷键"集的列表

（7）查看所有指定的快捷键是否正确，确认无误后关闭记事本，返回"键盘快捷键"对话框。单击"存储"按钮，将"我的快捷键"集保存。

（8）单击"确定"按钮退出"键盘快捷键"对话框，完成自定义快捷键集的操作。

1.4　实例：个性化工作界面

InDesign CS4支持用户设置个性化的工作界面。下面将InDesign CS4的默认工作界面进行个性化的设置：将工具箱设置为垂直两列，并放置于工作界面的左侧；将控制面板停放于窗口底部；将图标面板中的"渐变"图标拖动到"颜色"图标的下方；重新布局工作界面中的所有面板的位置，完成设置个性化的工作界面。

1. 改变控制面板的位置

（1）启动InDesign CS4应用程序，打开其工作界面，在工作界面中关闭打开的启动对话框。

（2）在控制面板中单击 ▾≡ 按钮，在弹出的菜单中选择"停放于底部"命令，将控制面板停放于工作界面窗口的底部，如图1-14所示。

2. 改变工具箱的显示方式

在工具箱上方单击 ▸▸ 按钮，使工具箱以垂直两列的方式显示，如图1-15所示。

3. 改变图标面板的位置

在图标面板中按住鼠标左键向上拖动"渐变"图标，此时将出现一条蓝色分隔线，随着"渐变"图标移动。当蓝色分隔线位于"颜色"图标下方时，释放鼠标左键完成移动，如图1-16所示。

图1-14　将控制面板放置在窗口底部

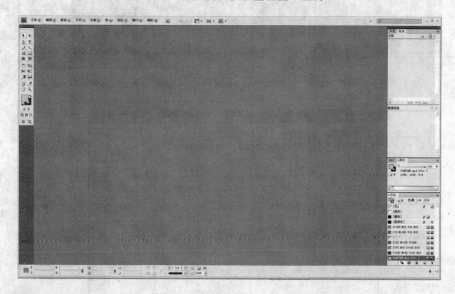

图1-15　工具箱垂直两列显示

4. 保存自定义工作区

执行"窗口"|"工作区"|"新建工作区"命令，打开"新建工作区"对话框，键入工作区的名称"我的工作区"，如图1-17所示，单击"确定"按钮，保存自定义的工作区。完成的自定义工作界面效果如图1-18所示。

图1-16　移动图标面板的位置

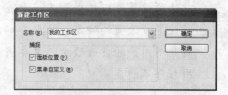

图1-17　"新建工作区"对话框

5. 首选项设置

在"编辑"|"首选项"菜单命令的子菜单中包含一系列预置命令。用户可以根据个人的习惯在此对系统默认值进行修改，让InDesign CS4更好地为用户服务。执行"编辑"|"首选项"菜单命令下的任一子菜单命令，都可以打开"首选项"对话框，如图1-19所示。

图1-18　自定义工作界面

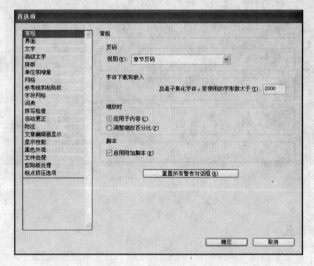

图1-19　"首选项"对话框

通过"首选项"对话框可以对面板位置、标尺度量单位、参考线和粘贴板、图形及印刷样式的显示模式、视图显示性能等进行预置。

 首选项设置可以编成脚本。要在整个用户组之间共享一致的首选项集，可以开发一种设置首选项的脚本，让组中的所有用户都在其计算机上运行此脚本。另外，不要将某一用户的首选项文件复制并粘贴到其他用户的计算机上，因为这可能会导致应用程序不稳定。

6. 增效工具

所谓"增效工具"，就是以增强Adobe软件功能为目的，由Adobe公司或与Adobe公司合作的其他公司开发的软件程序。

如果某一增效工具提供了直接安装程序，则运行该程序即可。如果没有，则直接将该程序复制到InDesign CS4文件夹下的Plug-In文件夹中。

用户可以使用"配置增效工具"对话框来检查和自定义已安装的增效工具集。例如，可以获得有关已安装的增效工具的详细信息，为不同的任务或工作组创建自定义增效工具集，以及在排查问题时隔离增效工具等。

执行"帮助" | "配置增效工具"命令，打开"配置增效工具"对话框，如图1-20所示。

以下为"配置增效工具"对话框的功能操作介绍：

· 更改增效工具的现用集：可在"集"下拉列表中选择。

· 禁用或启用增效工具：首先启用一个自

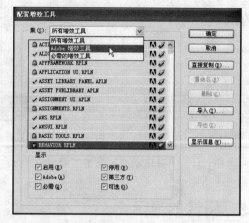

图1-20　"配置增效工具"对话框

定义集，然后单击（显示或隐藏）增效工具列表最左侧的复选标记 ✓。当启用或禁用增效工具或选择其他增效工具集时，只有退出或重新启动InDesign CS4后更改才会生效。

· 更改增效工具列表显示：在"显示"部分中选择或取消选择任何选项。在该部分中更改选项只影响列表显示，不影响增效工具的实际状态。

· 从当前集创建新的增效工具集：选取目标集，单击"直接复制"按钮，在弹出的"直接复制增效工具集"对话框中输入该集名称，单击"确定"按钮即可。

· 重命名当前增效工具集：选取目标集，单击"重命名"按钮，重新命名该集后，单击"确定"按钮即可。

· 永久删除现用集：单击"删除"按钮，在出现的提示信息框中单击"确定"按钮即可。

· 导入增效工具集文件：单击"导入"按钮，找到并选中包含想导入的集的文件，然后单击"确定"按钮。如果导入的文件包含一个与现有集同名的集，则导入的集将被重命名为一个副本。导入文件中的第一个集将成为现用集。当导入增效工具集时，如果在"打开文件"对话框的"文件类型"菜单中选择"增效工具管理器导入文件"命令，则只有文件扩展名为.pset的增效工具集文件才会显示。

· 将所有自定义增效工具集导出为一个文件：单击"导出"按钮，打开"导出增效工具集"对话框，用户可在该对话框中设置存储文件路径，并勾选"导出所有集"项，然后单击"保存"按钮即可，如图1-21所示。对于Windows系统，导出的增效工具集使用.pset文件扩展名。

· 查看增效工具详细信息：双击目标增效工具，或者选取目标增效工具后单击"显示信息"按钮，即可打开"增效工具信息"对话框来查看该工具的详细信息，如图1-22所示。在该对话框中，可以查看该增效工具的版本信息，了解该增效工具是否依赖于其他增效工具。

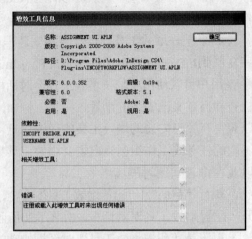

图1-21 "导出增效工具集"对话框　　　　　图1-22 "增效工具信息"对话框

1.5 图像的显示

文件中有关于图像显示的基本操作命令集中在"视图"菜单下，下面分成几部分来讲解一下相关的操作。

1. 视图模式

使用工具箱底部的模式按钮█ █，或执行"视图" | "屏幕模式"命令，在弹出的子菜单中选择相应命令更改文档窗口的可视性。

• 正常模式：在标准窗口中显示版面及所有可见网格、参考线、非打印对象、空白粘贴板等，如图1-23所示。

图1-23 正常模式

·预览模式：完全按照最终输出显示图片，网格、参考线、非打印对象等所有非打印元素都被隐藏，粘贴板被设置为"首选项"中所定义的预览背景色，如图1-24所示。

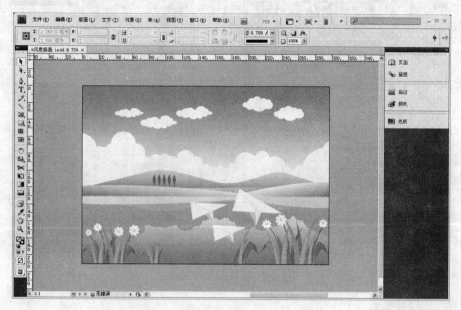

图1-24　预览模式

·出血模式：完全按照最终输出显示图片，网格、参考线、非打印对象等所有非打印元素都被隐藏，粘贴板被设置为"首选项"中所定义的预览背景色，而文档出血区内的所有可打印元素都会显示出来，如图1-25所示。

图1-25　出血模式

·辅助信息区模式：完全按照最终输出显示图片，网格、参考线、非打印对象等所有非打印元素都被隐藏，粘贴板被设置成"首选项"中所定义的预览背景色，而文档辅助信息区内的所有可打印元素都会显示出来，如图1-26所示。

图1-26　辅助信息区模式

2. 缩放、移动页面

在出版物的制作过程中，经常要用到移动、放大和缩小文档等操作。在InDesign CS4中可以十分方便地完成这些操作。

·放大：执行"视图"|"放大"命令，或按Ctrl++快捷键，页面内的图像就会被放大。也可以使用"缩放工具" ⑨放大显示图像，单击"缩放工具" ⑨，指针会变为一个中心带有加号的放大镜，单击鼠标左键，图像就会被放大。

想要对局部区域放大时，单击"缩放工具" ⑨，然后将"缩放工具" ⑨定位在要放大的区域外，按住鼠标左键并拖动鼠标，使鼠标画出的矩形圈选住需放大的区域，松开鼠标左键后，这个区域就会放大显示并填满图像窗口，如图1-27所示。

·缩小：执行"视图"|"缩小"命令，或按Ctrl+-快捷键，页面内的图像就会被缩小。也可以使用"缩放工具" ⑨缩小显示图像，单击"缩放工具" ⑨，指针会变为一个中心带有减号的放大镜，按住Alt键，图标变为缩小图标，单击鼠标左键，图像就会被缩小。

图1-27　放大局部区域

若当前正在使用其他工具，想切换到"缩放工具" ⑨，按Ctrl+Shift+空格键即可，想切换到"缩小工具"，按Ctrl+Shift+Alt+空格键即可。

执行"视图" | "使页面适合窗口"命令，或按Ctrl+0快捷键，可以将某一个单页面视图在页面窗口中完全显示；执行"视图" | "使跨页适合窗口"命令，可以将对开页面视图在页面窗口中完全显示；执行"视图" | "实际尺寸"命令，或按Ctrl+1快捷键，可以使文档显示为100%大小。

· 移动：单击"抓手工具" 🤚，按住鼠标左键直接拖动以移动页面。在使用除"缩放工具"以外的其他工具时，可以按住空格键在页面上按住鼠标左键，此时将切换至抓手工具，然后拖动即可移动页面。可以使用窗口底部或右部的滚动条来控制出版物窗口中的显示内容。

3. 页面浏览

InDesign CS4文档页面的浏览，除了利用水平/垂直滚动条、"抓手工具" 🤚、鼠标工具、视图导航器、键盘上的Page Down/Page Up键和Home/End键等方式外，还可以通过"版面"菜单命令或状态栏按钮来完成。

· 通过滚动条：拖曳文档窗口中的水平或垂直滚动条，即可水平或垂直浏览页面。

· 通过鼠标：如果在页面窗口中滚动3D鼠标的滚轮，即可上下浏览文档页面。如果在滚动过程中按住Ctrl键，即可水平浏览页面。

· 通过键盘按键：直接按Page Up键或Page Down键，可以按顺序从上至下浏览文档页面。如果同时按住Shift键，则可以按顺序逐个选取并浏览单个页面。如果按住Alt键，则可按顺序逐个选取并浏览跨页。按Home键，则跳转到页面的第一页。按End键，则跳转到页面的最后一页。

· 通过"版面"菜单或状态栏：在"版面"菜单中包含众多的页面浏览命令，通过执行这些菜单命令同样也可以浏览页面。通过单击状态栏中的"第一页"按钮、"上一页" ◂ 按钮、"下一页" ▸ 按钮和"最后一页" ▸▮ 按钮可以定位页面。

· 跳转至目标页：单击状态栏中"当前页面页码"显示框右侧的 ▾ 按钮，从下拉列表框中选取目标页码，即可跳动至该目标页，如图1-28所示。

· 跳转至主页：在"当前页面页码"显示框的下拉列表框中选取目标主页。如果存在多个主页，可以直接在"当前页面页码"显示框中输入主页名称的前几个关键字母，然后按Enter键即可。

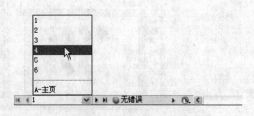

图1-28　跳转至目标页

4. 窗口操作

同其他Adobe CS4一样，InDesign CS4也允许用户可以按自己的习惯来进行窗口设置。

· 新建窗口：如果需要为当前编辑的文档再创建一个各选项完全相同的新文档，执行"窗口" | "排列" | "层叠"命令，可以将所有窗口稍稍偏移地排成一摞，如图1-29所示。

执行"窗口" | "排列" | "平铺"命令，则可让所有窗口不重叠等分显示，如图1-30所示。

要激活排列的目标文档窗口，单击窗口标题栏，或者在"窗口"菜单最下面选择目标文档名称，窗口中的文档将按文档的创建顺序排列。

图1-29　层叠排列窗口

图1-30　平铺排列窗口

1.6　文档的基本操作

与其他平面设计软件的操作一样，启动InDesign CS4应用程序后，最基本的操作就是文档操作。用户只有在创建了一个文档后，才能进行相应的文本与图形对象的创建或编辑处理。

1. 新建文档

用户可以在InDesign CS4启动对话框的"新建"选项区域中单击"文档"选项，也可以在退出该对话框后执行"文件"｜"新建"｜"文档"命令，或者按Ctrl+N快捷键，打开"新建文档"对话框，如图1-31所示。

在该对话框中用户可以设置新文档的基本参数。

• 页数：用于为新建的文档设置页数，最多不超过9999页。根据要编排文件的类型而设定，先大概设定一个数值，在以后的编辑中可以增加或删除。

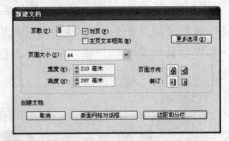

图1-31　"新建文档"对话框

• 对页：选中该复选框后，可以从偶数页开始同时显示正在编辑的两个页面，否则新建文档中的每个页面是彼此独立的，只显示当前正在编辑的单个页面，如图1-32所示。

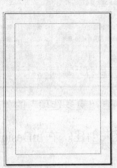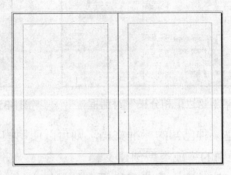

图1-32　单页、对页显示

• 主页文本框架：选中该复选框后系统能自动创建一个与边距参考线内的区域大小相同的文本框架，并与指定的栏设置相匹配。

• 页面大小：在"页面大小"下拉列表框中可以选择一个标准的页面尺寸，如A3、A4、B2、B3等。也可以自己设定，如果选择了"自定义"选项，那么最大可指定的页面尺寸为4233mm×5486.4mm；在"页面方向"选项中提供了"纵向"和"横向"两个页面方向；在"装订"选项中提供了"从左到右"和"从右到左"两种装订方式。

• 创建文档：该选项区域用于对文档的版面网格和边距分栏进行详细设置。

• 版面网格对话框：单击该按钮，将打开"新建版面网格"对话框，如图1-33所示。在"网格属性"选项区域中可以设置字符网格的文章排版方向、应用的字体、大小、缩放倍数、字距和行距；在"行和栏"选项区域中可以设置字符的栏数及栏间距，以及每栏的字符数和行数；在"起点"选项区域中可以设置字符网格的起点；单击"确定"按钮，系统将按用户的设置创建新文档。

• "边距和分栏"按钮：单击该按钮后，可打开"新建边距和分栏"对话框，如图1-34所示。在该对话框中可以通过设置"边距"选项区域中的数值来控制页面四周的空白大小；可以在"分栏"选项区域中设置页面分栏指示线的栏数和栏间距大小，以及文本框的排版方向；单击"确定"按钮，系统将按用户的设置创建新文档。

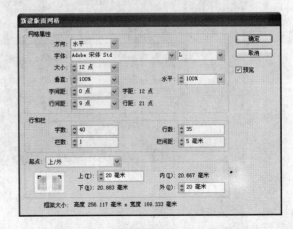

图1-33　"新建版面网格"对话框

• "更多选项"按钮：单击该按钮后，在"新建文档"对话框中会增加"出血和辅助信息区"选项区域，如图1-35所示。在该选项区域中，可以通过设置"上"、"下"、"内"和"外"的数值来控制"出血"和"辅助信息区"的范围。

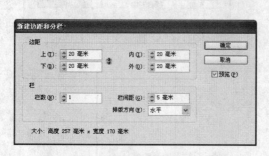

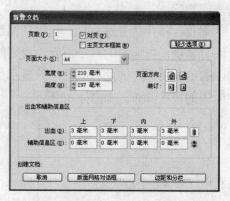

图1-34　"新建边距和分栏"对话框　　　图1-35　含"更多选项"的"新建文档"对话框

如果要创建某种已知的标准文档，则可以使用模板来创建。在InDesign CS4中，可以使用Adobe Bridge中的模板类型创建文档。

InDesign CS4为广大用户提供了多种模板文档。执行"文件"|"新建"|"来自模板的文档"命令，将启动Adobe Bridge CS4，Adobe Bridge内容区列出了模板文件所在文件夹，如图1-36所示。

双击打开文件夹，将显示所有模板文档，选择要应用的模板文档，双击或者右击选择"打开"命令，这样，就将模板文档在InDesign CS4中打开了，如图1-37所示。

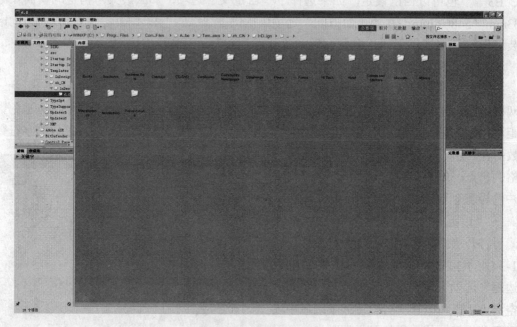

图1-36　模板文件夹

2. 打开文档

如果用户要对已经存在的文档进行编辑，必须先将该文档打开。在InDesign CS4中，文档文件使用扩展名.indd，模板文件使用扩展名.indt，库文件使用扩展名.indl，书籍文件使用扩展名.indb。

图1-37　打开的模板文档

执行"文件"｜"打开"命令，会打开"打开文件"对话框，如图1-38所示。在"查找范围"文本框中选择要打开的文件，单击"打开"按钮，即可打开选择的文件。

当用户打开某些有缺陷的InDesign CS4文档时，InDesign CS4将根据不同的情况弹出相应的警告信息。

·颜色不匹配：当打开某一InDesign CS4文档弹出"嵌入的配置文件不匹配"对话框时，表示该文档中的颜色设置与当前应用程序中的颜色不一致。单击"确定"按钮，则进一步激活"配置文件或方案不匹配"对话框，在该对话框中选取目标选项，单击"确定"按钮即可解决颜色不匹配的问题。

图1-38　"打开文件"对话框

　默认状态下，颜色不匹配的警告信息处于关闭状态。不过，如果执行"编辑"｜"颜色设置"菜单命令，在打开的"颜色设置"对话框中的"颜色管理方案"选项区中勾选"打开时提问"和"粘贴时提问"项，则可以在操作时弹出警告对话框，如图1-39所示。

·缺失字体：如果某一InDesign CS4文档中含有当前Windows字体文件夹中没有的字体，打开该文档后即可弹出"缺失字体"警告对话框，如图1-40所示。

图1-39 "颜色设置"对话框

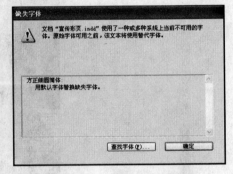

图1-40 "缺失字体"对话框

单击"确定"按钮，InDesign将跳过该警告对话框，并用代替项自动编排文本格式；如果单击"查找字体"按钮，InDesign则会搜索并列出整个文档所使用的全部字体的"查找字体"对话框，如图1-41所示。

在"查找字体"对话框中选取右侧带有黄色警示标志 ⚠ 的缺失字体项，在"替换为"选项区的"字体系列"下拉列表中选取用来替换的字体，单击"全部更改"按钮即可用选取的字体替换选取的缺失字体。

• 缺失或变动链接：打开文档弹出"此文档包含缺失或已修改文件的链接"对话框时，单击"更新链接"按钮，InDesign则会自动查找缺失的文件或者让用户手工查找，而单击"不更新链接"按钮，则直接跳过链接操作，如图1-42所示。

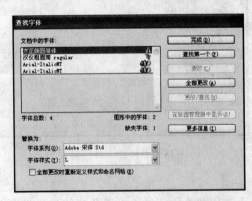

图1-41 "查找字体"对话框

图1-42 缺失链接对话框

3. 存储文档

在新建文档或编辑过原文档后，用户可以通过相关的命令将文档存储，以备下次使用或修改。当一个文档编辑完成后，如果要关闭或退出，系统将会询问是否需要存盘，若选择是，则存盘；否则将直接关闭该文档或退出系统。

当第一次保存文件时，执行"文件" | "存储"命令，或按Ctrl+S快捷键，打开"存储为"

对话框，如图1-43所示。在该对话框中输入要保存文件的名称，设置保存文件的路径和类型。设置完成后，单击"保存"按钮，即可保存文件。在对话框中的"保存类型"下拉列表框中可以选择将当前文档保存为"InDesign CS4文档"或者"InDesign CS4模板"。

当对文件进行了各种编辑操作并保存后，再执行"文件"|"存储"命令时，将不会打开"存储为"对话框，而是直接保存最终确认的结果，并覆盖掉原始文件。

若既要保留修改过的文件，又不想放弃原文件，则可以执行"文件"|"存储为"命令，或按Ctrl+Shift+S快捷键，打开"存储为"对话框，在对话框中可以为修改过的文件重新命名，并设置文件的路径和类型。设置完成后，单击"保存"按钮，原文件依旧保留不变，修改过的文件被另存为一个新的文件。

4. 恢复和还原文档

在InDesign CS4中，可以通过恢复文档的方法来撤销一些不满意的操作，但是有些操作是不可恢复的，因此在对原文件进行编辑修改前应先进行保存。InDesign CS4中有以下几种方法来恢复或取消已经进行的编辑操作。

·执行"编辑"|"还原"命令，或按Ctrl+Z快捷键，可以恢复到最近的一次或多次编辑操作之前。

·执行"编辑"|"重做"命令，或按Ctrl+Shift+Z快捷键，可以重做先前已经撤销的一次或多次编辑操作。

·执行"文件"|"恢复"命令，可以将文档恢复到最近保存的版本，撤销自最近一次保存以来的所有操作。

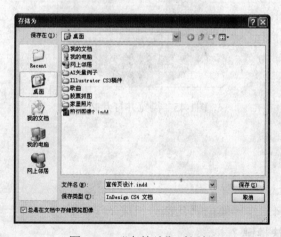

图1-43　"存储为"对话框

1.7　实例：Adobe Bridge应用

Adobe Bridge是InDesign提供的一款文档浏览和管理工具。下面使用Adobe Bridge浏览并打开文件。

（1）启动InDesign CS4软件，然后执行"文件"|"在Bridge中浏览"命令，或者单击工作界面顶端的"转到Bridge"按钮，启动Adobe Bridge，如图1-44所示。

（2）浏览并打开文件，如图1-45所示。在文件上单击右键，从弹出菜单中选择"打开"命令，也可以打开文件。

图1-44　Adobe Bridge浏览文档

图1-45　浏览并打开文件

课后练习

1. 简答题

（1）InDesign CS4工作界面由哪几部分组成？

（2）如何自定义快捷键？

（3）如何自定义工作区？

（4）InDesign CS4视图模式有哪些？

（5）如何存储文档？

（6）如何应用Adobe Bridge？

2. 操作题

（1）根据个人工作的具体情况，对InDesign CS4的默认工作界面进行个性化的设置。

（2）根据个人使用键盘快捷键的习惯，为自己设计一套方便实用的快捷键集。

（3）采用单页方式新建一个5页的文档，纸张为A4横向，从左到右装订；设置页面分为3栏，栏间距为9毫米，水平方向排版；设置页面出血为3毫米；完成新建后将该文档保存。

第2课

建筑设计快速起步

本课知识结构

通过前一课的学习，相信大家对InDesign CS4已经有了初步的了解，在本课中，编者将向大家讲解软件中关于文本编辑的知识。具体将通过经典实例的制作，来阐述文本框、输入文本、串接文本框、查找与编辑文本、路径文字、文本绕排等理论知识，为在排版工作中快速处理文本打下坚实基础。在学习的过程中，读者会逐步体会到InDesign CS4强大的文本编辑功能。

就业达标要求

☆ 使用文本框   ☆ 输入文本

☆ 串接文本框   ☆ 查找与编辑文本

☆ 路径文字   ☆ 文本绕排

2.1 实例：制作名片（文本框）

在InDesign CS4中，所有的文本都放置在称为文本框的容器内部，用户可以对文本框进行编辑操作，如移动、缩放、串接、分栏等。每个文本框都包含一个入口和一个出口，如图2-1所示，文本框的入口和出口用来与其他文本框进行连接。空的入口或出口分别表示文本的开头或结尾。

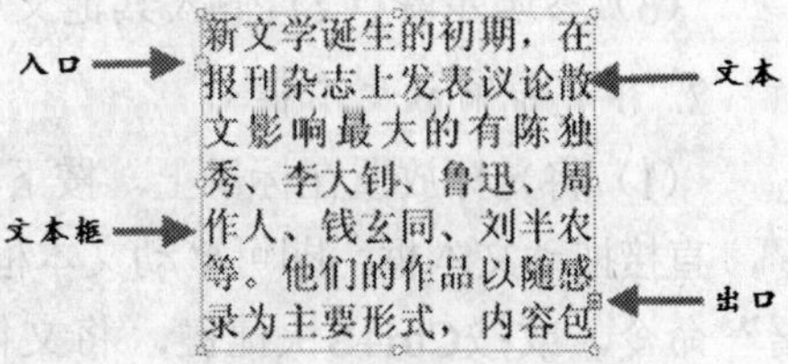

图2-1　文本框

下面将以本节即将制作的名片为例，详细讲解文本框的创建、移动和缩放。制作完成的名片效果如图2-2所示。

名片常常代表个人和企业的第一印象，甚至会对商业活动和交际行为的成败产生关键作用。名片为方寸艺术，精美的名片让人爱不释手，名片内容选好后，运用自己对名片内容的理解，把文字、图片、标志、色块及图形进行有机的排列组合，搭成名片的框架，最后在电脑中生成名片。名片包括横式名片、竖式名片和折卡式名片等，名片的标准尺寸是90mm×55mm。

1. 创建文本框

（1）启动InDesign CS4应用程序，执行"文件"|"打开"命令，或按Ctrl+O快捷键，打开"打开文件"对话框，打开本书配套素材\Chapter-02\"名片1.indd"文件，如图2-3所示。"名片1.indd"文件已经设置好了尺寸和出血，贴入了标志，并制作好了底图背景。

图2-2 名片效果图

图2-3 素材文件

（2）选择"文字工具" **T**，将鼠标移动到页面中，鼠标变成了 形状。此时拖动鼠标在页面上划出一个文本框区域，如图2-4所示。待释放鼠标后，闪动的文本指针将出现在文本框的左上角处，输入的文字都将显示于此指针后，如图2-5所示。

图2-4 创建文本框

图2-5 输入文字

（3）参照步骤（2）输入其他文字，并设置字体、大小和行距，效果如图2-6所示。

2. 移动和缩放文本框

（1）将光标放置在标尺上，按下鼠标左键向页面中拖动添加辅助线，选择"选择工具"，直接拖动文本框，即可移动文本框使文字靠齐辅助线，如图2-7所示。执行"文件"|"存储"命令，或按Ctrl+S快捷键，将文件保存。执行"视图"|"隐藏框架边缘"命令，或按Ctrl+H快捷键，隐藏框架边缘。

图2-6 添加其他文字

图2-7 移动文本框

（2）选择"选择工具" ，选取需要的文本框，拖动文本框的任何控制点，均可缩放文本框，如图2-8所示。

选择"选择工具" ，选取需要的文本框，按住Ctrl键或选择"缩放工具" ，可缩放文本框及文本框中的文本，如图2-9所示。

图2-8　缩放文本框　　　　　　　图2-9　缩放文本框和文本

（3）执行"文件"|"存储为"命令，或按Ctrl+Shift+S快捷键，另存为"名片2.indd"文件。执行"视图"|"隐藏框架边缘"命令，或按Ctrl+H快捷键，隐藏框架边缘。

选择"选择工具" ，选取需要的文本框，执行"对象"|"适合"|"使框架适合内容"命令，可以使文本框的大小适合文本，如图2-10所示。

星语心愿　　　　**星语心愿**

图2-10　文本框的大小适合文本

2.2　实例：古诗（输入文本）

通过键入、粘贴或从文字处理应用程序置入文本，可向文档中输入文本。如果文字处理应用程序支持拖放功能，还可将文本直接拖入InDesign文档中。

下面将以本节即将制作的"古诗"为例，详细讲解文本的输入方法，包括键入文本、贴入文本和置入文本。制作完成的"古诗"效果如图2-11所示。

1. 键入文本

（1）打开本书配套素材\Chapter-02\"古诗1.indd"文件，如图2-12所示。选择"文字工具" ，在页面中适当的位置拖动鼠标创建文本框，当松开鼠标左键时，文本框中会出现插入点光标，直接键入"卖炭翁……"文字，如图2-13所示。

（2）设置字体、大小和行距，调整文本框位置和大小。

图2-11 "古诗"效果图　　　　　　　　　　图2-12 古诗背景

2. 贴入文本

（1）可以从InDesign文档或从其他应用程序中粘贴文本。当从其他程序中粘贴文本时，执行"编辑"|"首选项"|"剪贴板处理"命令，打开"剪贴板处理"对话框，通过设置对话框中的选项，决定InDesign是否保留原来的格式，以及是否将用于文本格式的任意样式都添加到"段落样式"面板中，如图2-14所示。

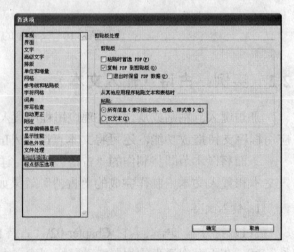

图2-13 键入"古诗"文字　　　　　　　　图2-14 "剪贴板处理"对话框

（2）在InDesign文档或从其他应用程序中选取需要的文本，按Ctrl+C快捷键或Ctrl+X快捷键，复制或剪切"卖炭翁……"文字，在InDesign文档中，按Ctrl+V快捷键粘贴即可。

在允许拖动的程序（如Word文档）中选取需要的文本，按住鼠标左键将文字拖动至InDesign文档中，松开鼠标左键，粘贴文本。也可以直接将文本文件拖至InDesign文档，拖进文档中的文本将自动添加到新的文本框。

3. 置入文本

（1）执行"文件"|"置入"命令，打开"置入"对话框，如图2-15所示。在对话框中选择需要置入的"诗文字.doc"文件后，取消勾选"应用网格格式"复选框，单击"打开"按钮置入文本，如图2-16所示。

（2）鼠标指针变为载入文本图符，拖动鼠标绘制文本框，使文字流入到绘制的文本框中。

（3）按Ctrl+Shift+S快捷键，另存为"古诗2.indd"文件。

图2-15 "置入"对话框   图2-16 置入文本

在"置入"对话框的底部有3个复选项，其含义如下。

• 显示导入选项：勾选"显示导入选项"复选框，显示出包含所置入文件类型的导入选项对话框。单击"打开"按钮，打开"导入选项"对话框，设置需要的选项，单击"确定"按钮，即可置入文本。

• 应用网格格式：勾选"应用网格格式"复选框，置入的文本将自动嵌套在网格中。

• 替换所选项目：勾选"替换所选项目"复选框，置入的文本将替换当前所选文本框架的内容。

在InDesign CS4文档中置入Word文档时，如果在"置入"对话框中勾选"显示导入选项"复选框，单击"打开"按钮，则弹出相应Word文档的"导入选项"对话框，如图2-17所示。

下面对"Word导入选项"对话框做简要介绍。

• 目录文本：将目录作为文本的一部分导入到文章中。这些条目作为纯文本导入。

• 索引文本：将索引作为文本的一部分导入到文章中。这些条目作为纯文本导入。

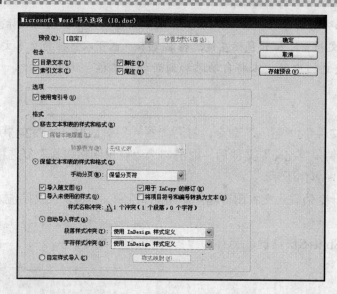

图2-17 "Word导入选项"对话框

· 脚注：将Word脚注导入为InDesign脚注。脚注和引用是保留的，但根据文档的脚注设置重新排列。

· 尾注：将尾注作为文本的一部分导入文章的末尾。

· 使用弯引号：确保导入的文本包含中文左右引号（" "）和撇号（'），而不包含英文直引号（" "）和撇号（'）。

· 移去文本和表的样式和格式：移去导入的文本的所有样式和格式，如字体、文字颜色、文字样式、段落样式和随文图形。

· 保留本地覆盖：选择"移去文本和表的样式和格式"项时，可选择"保留本地覆盖"项以保持应用到段落的一部分的字符格式。

· 转换表为：选择"移去文本和表的样式和格式"项时，可将表转换为无格式的表或无格式的制表符分隔的文本。

· 保留文本和表的样式和格式：在InDesign文档中保留Word文档的格式。用户可使用"格式"设置区域中的其他选项来确定保留样式和格式的方式。

· 手动分页：确定Word文件中的分页在InDesign中格式化的方式。选择"保留分页符"选项可使用Word中用到的同一分页符，或者选择"转换为分栏符"选项或"不换行"选项。

· 导入随文图：勾选该项，则在置入Word文档的同时置入Word文档中以嵌入环绕的图形（其他任何形式的浮动环绕图形都不能被置入）。

· 导入未使用的样式：导入Word文档的所有样式，包括未应用于文本的样式。

· 自动导入样式：导入带有样式的Word文档后，如果"样式名称冲突"旁出现黄色警告三角形，则说明该Word文档样式与InDesign文档样式名称重复，更改某一样式名称即可解决该问题。

· 自定样式导入：该选项允许使用"样式映射"对话框，来选择对导入的文档中的每个Word样式应使用哪一种InDesign样式。

· 存储预设：存储当前的Word导入选项以便以后重新使用。指定导入选项后，单击"存储预设"按钮，键入预设的名称，并单击"确定"按钮。下次导入Word样式时，可从"预设"

菜单中选择创建的预设。如果希望所选的预设用做将来导入Word文档的默认值，请单击"设置为默认值"按钮。

设置完毕后，导入文档即可，方法与未勾选"显示导入选项"复选框时导入文档的方法相同。

 如果需要置入的文档不是Word等InDesign CS4所能接受的格式，则需要将该文档另存为文本文件，然后再置入InDesign CS4中。置入文本文件时，如果在"置入"对话框中勾选"显示导入选项"复选框，单击"打开"按钮，则弹出相应文本文档的"文本导入选项"对话框，如图2-18所示。

下面对"文本导入选项"对话框做简要介绍。

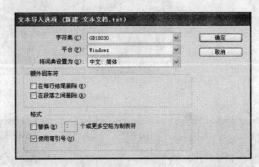

图2-18 "文本导入选项"对话框

• 字符集：指定用于创建文本文件的计算机语言字符集ANSI、Unicode或Shift JIS。默认选项是与InDesign CS4的默认语言对应的字符集。

• 平台：指定文件是在Windows上创建，还是在Mac（基于Intel）或Mac（基于PowerPC）上创建。

• 将词典设置为：指定导入的文本使用的词典。

• 额外回车符：指定InDesign CS4导入额外段落回车符的方式。选择"在每行结尾删除"复选项或"在段落之间删除"复选项。

• 替换：用制表符替换指定数目的空格。

• 使用弯引号：确保导入的文本包含中文左右引号（""）和撇号（'），而不包含英文直引号（" "）和撇号（'）。

2.3 实例：杂志内页编排（串接文本框）

文本框中的文本可独立于其他文本框，也可在相互连接的文本框中流动。相互连接的文本框可位于同一页或跨页，也可位于文档的其他页。在文本框之间连接文本的过程称为串接文本。

下面将以本节即将编排的杂志内页为例，详细讲解串接文本框的创建和取消，以及剪切和删除文本框操作。编排完成的杂志内页效果如图2-19所示。

1. 创建串接文本框

（1）打开本书配套素材\Chapter-02\"杂志内页1.indd"文件，如图2-20所示。执行"文件"|"置入"命令，打开"置入"对话框，在对话框中选择需要置入的"冷却咖啡里的泪.doc"文件后，取消勾选"应用网格格式"复选框，单击"打开"按钮。此时鼠标指针变为载入文本图标，拖动鼠标绘制文本框，使文字流入到绘制的文本框中。当文本框不足以显示全部文本时，在文本框右边出口处会显示一个红色的加号，如图2-21所示。

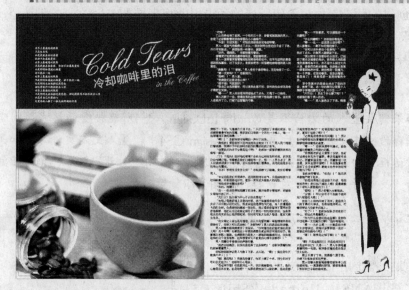

Cold Tears
冷却咖啡里的泪
in the Coffee

图2-19　杂志内页效果图

Cold Tears
冷却咖啡里的泪
in the Coffee

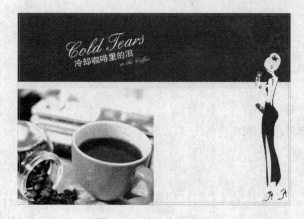

图2-20　杂志内页背景

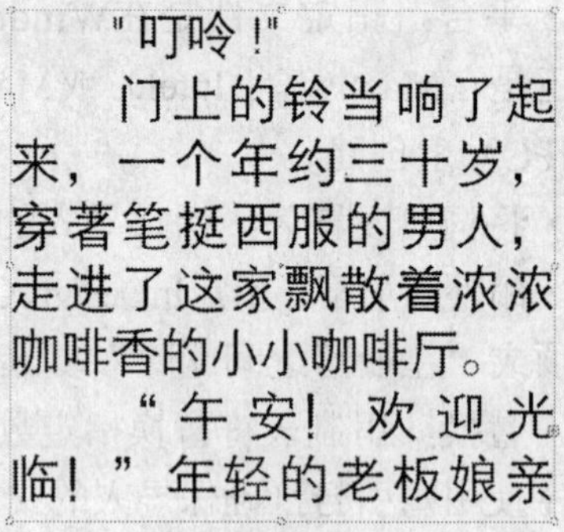
"叮呤！"
门上的铃当响了起来，一个年约三十岁，穿著笔挺西服的男人，走进了这家飘散着浓浓咖啡香的小小咖啡厅。
“午安！欢迎光临！”年轻的老板娘亲

图2-21　过剩文本出口

（2）选择“选择工具”单击文本框出口处的红色加号后，此时鼠标指针变为载入文本图符，拖动鼠标绘制另外一个文本框，用来显示刚才没有被完全显示出来的文本。执行“视图”|“显示文本串接”命令，可以清楚地看到两个文本框架之间的串接关系，如图2-22所示。也可单击入口创建文本框，创建的文本框在所选文本框之前。

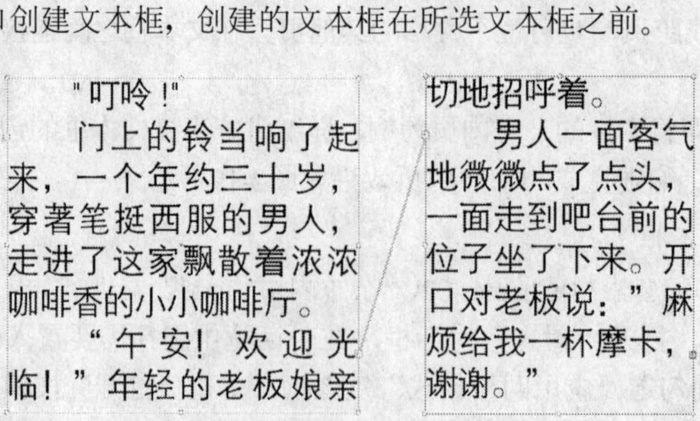
"叮呤！"
门上的铃当响了起来，一个年约三十岁，穿著笔挺西服的男人，走进了这家飘散着浓浓咖啡香的小小咖啡厅。
“午安！欢迎光临！”年轻的老板娘亲
切地招呼着。
男人一面客气地微微点了点头，一面走到吧台前的位子坐了下来。开口对老板说：”麻烦给我一杯摩卡，谢谢。”

图2-22　文本框之间的串接关系

选择"选择工具" ，在要添加文本框的前一个框的出口处单击，此时鼠标指针变为载入文本图符 ，拖动鼠标绘制另外一个文本框，松开鼠标，可以在串接的文本框之间添加文本框，如图2-23所示。

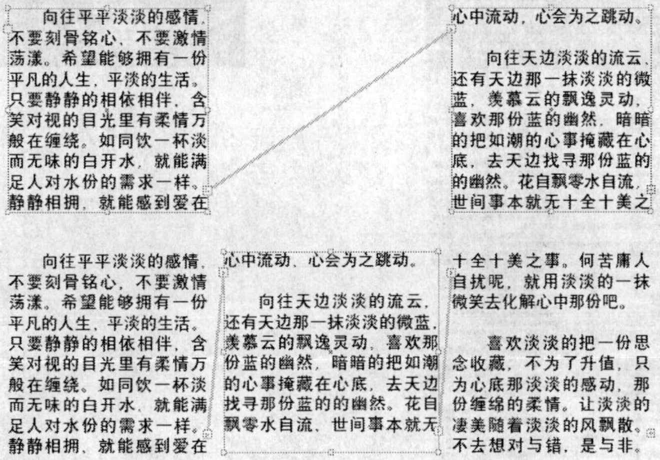

图2-23　在串接的文本框之间添加文本框

（3）使用"选择工具" 单击文本框出口处的红色加号，创建另两个串接文本框。调整串接文本框大小并对齐，然后设置文字颜色，效果如图2-24所示。

（4）按Ctrl+Shift+S快捷键，另存为"杂志内页2.indd"文件。

 选择"选择工具" 单击文本框出口处的红色加号后，此时鼠标指针变为载入文本图符 ，将其置于要连接的文本框之上，载入文本图符 变为串接图符 ，单击创建两个文本框间的串接。所有串接的文本框都采用相同的排版方向（横排或直排）。

2. 取消文本框串接

选择"选择工具" ，双击出口或入口就可以解除文本框之间的串接，如图2-25所示。原来出现在后续文本框中的文本变为过剩文本（不会被删除），所有后续的文本框都变成空文本框。

3. 剪切或删除文本框

（1）选择"选择工具" ，选取文本框，如图2-26所示。执行"编辑"|"剪切"命令，或按Ctrl+X快捷键，剪切被选取的文本框，文本框会消失，其中包含的文本会自动流入下一个文本框中，如图2-27所示。若剪切文章中的最后一个文本框，文本会变为前一个文本框的过剩文本。

（2）选择"选择工具" ，选取文本框。按Delete键可删除文本框，当删除的文本框是串接的一部分时，文本不会被删除，而是自动流入下一个文本框。若文本框没有连接到其他任何文本框，文本框和文本都会被删除。

图2-24　创建串接文本框　　　　　　图2-25　取消文本框串接

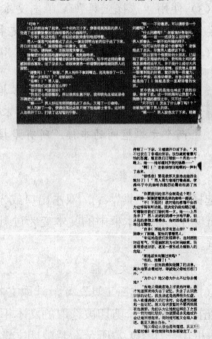

图2-26　选取文本框　　　　　　　　图2-27　剪切文本框

2.4　实例：英文书籍内页（手动或自动排文）

在页面中置入文本或进行文本框串接的过程中，还可以使用文本框在页面、分栏中进行多种方式的排文操作。

下面将以本节即将制作的英文书籍内页为例，详细讲解手动排文、半自动排文和自动排文3种方式的排文操作。制作完成的书籍内页效果如图2-28所示。

（1）打开本书配套素材\Chapter-02\"英文书籍内页1.indd"文件。"英文书籍内页1.indd"文件已经设置好了尺寸、对页、边距及主页，如图2-29所示。

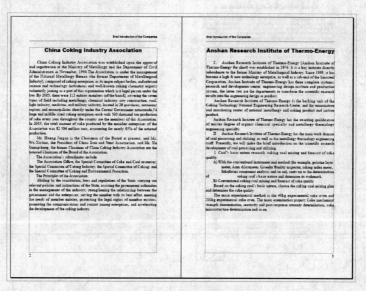

图2-28 英文书籍内页效果图

图2-29 打开的"英文书籍内页1"文件

（2）手动排文：执行"文件"|"置入"命令，打开"置入"对话框，在对话框中选择需要置入的"英文文字.doc"文件后，取消勾选"应用网格格式"复选框，单击"打开"按钮。此时鼠标指针变为载入文本图符，在页面或一栏中单击即可将文本置入到页面或整栏，如图2-30所示。如果在当前页或栏中无法全部显示，必须重新单击当前页或栏中文本框架出口处的红色加号，当鼠标指针再次变为载入文本图符，在下一页或栏中单击，如图2-31所示。

（3）调整文本框的高度，标题文字出现在页首，完成书籍内页排文，执行"文件"|"存储"命令，或按Ctrl+S快捷键，将文件保存。执行"视图"|"隐藏框架边缘"命令，或按Ctrl+H快捷键，隐藏框架边缘。

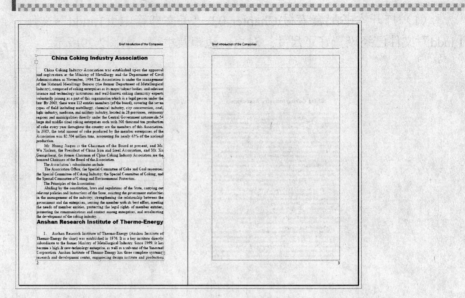

图2-30　置入文本

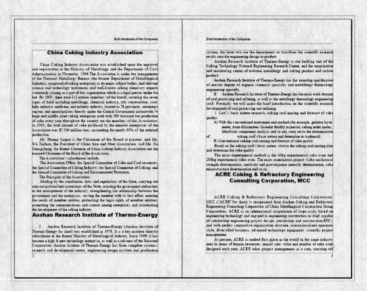

图2-31　手动排文

（4）半自动排文：执行"文件"|"置入"命令，打开"置入"对话框，在对话框中选择需要置入的"英文文字.doc"文件后，取消勾选"应用网格格式"复选框，单击"打开"按钮。此时鼠标指针变为载入文本图符，按住Alt键后，指针变为半自动排文图符，在页面或一栏中单击，即可将文本加入到页面或整栏。如果在当前页或栏中无法全部显示，指针会自动变为载入文本图符，需继续在下一页或栏中单击。

（5）自动排文：执行"文件"|"置入"命令，打开"置入"对话框，在对话框中选择需要置入的"英文文字.doc"文件后，取消勾选"应用网格格式"复选框，单击"打开"按钮。此时鼠标指针变为载入文本图符，按住Shift键后，指针变为自动排文图符，在页面或一栏中单击，系统将会自动添加页面和文本框架，直到所有的内容都在出版物中排完，如图2-32所示。

（6）按Ctrl+Shift+S快捷键，另存为"英文书籍内页2.indd"文件。

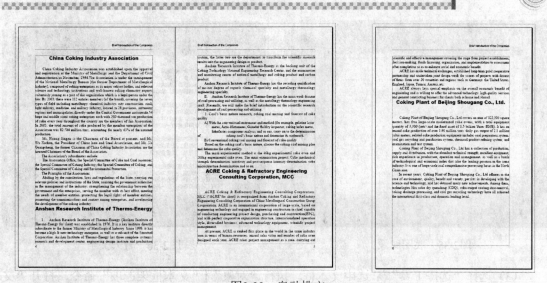

图2-32 自动排文

2.5 实例："生活感悟"页面（设置文本框属性）

如果要对文本框的各项属性进行设置，可以在使用"选择工具" ▶ 选中一个文本框后，执行"对象"|"文本框架选项"命令，打开"文本框架选项"对话框，如图2-33所示。

下面将以本节即将制作的"生活感悟"页面为例，详细讲解文本框属性的设置。制作完成的"生活感悟"页面效果如图2-34所示。

图2-33 "文本框架选项"对话框

图2-34 "生活感悟"页面效果

（1）打开本书配套素材\Chapter-02\"生活感悟页面1.indd"文件，文件已经置入了底图图像，如图2-35所示。

（2）执行"文件"|"置入"命令，打开"置入"对话框，在对话框中选择需要置入的"生活感悟.doc"文件后，取消勾选"应用网格格式"复选框，单击"打开"按钮。此时鼠标指针变为载入文本图标，拖动鼠标绘制文本框，使文字流入到绘制的文本框中，如图2-36所示。

图2-35　底图图像

图2-36　置入文字

（3）选择"选择工具" 选中文本框，执行"对象"|"文本框架选项"命令，打开"文本框架选项"对话框，设置栏数为3，栏间距为5毫米，如图2-37所示。页面效果如图2-38所示。

（4）按Ctrl+Shift+S快捷键，另存为"生活感悟页面2.indd"文件。

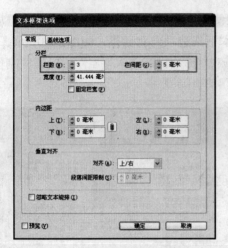

图2-37　设置文本框栏数和栏间距

图2-38　页面效果

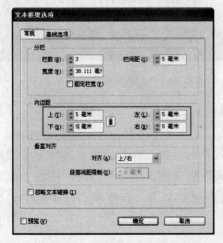

图2-39　设置内边距数值

（5）选择"选择工具" 选中文本框，执行"对象"|"文本框架选项"命令，打开"文本框架选项"对话框，设置内边距数值，如图2-39所示。页面效果如图2-40所示。

·分栏：用于设置文本框中的分栏数、栏间距和栏宽，以及是否要固定栏宽。

·内边距：用于设置文本框上、下、左、右的偏离值。

·垂直对齐：用于设置文本框中的文字与文本框的对齐方式。

• 忽略文本绕排：选中该复选框后，文本框中的文字将不采取任何文本绕排方式。

图2-40　页面效果

2.6　查找与编辑文本

InDesign CS4提供了丰富的文字处理功能，下面介绍编辑处理文本的一些基本操作和应用技巧。应用"查找/更改"命令可以搜索特殊字符、单词、多组单词或特定格式的文本，并进行更改。也可搜索其他项目，如定位符、空格和特殊字符。

1. 选取文本

（1）选择"文字工具" [T]，将光标置于要选择文本的开始处，拖动字符、单词或整个文本块以选择字符、单词或文本块。

（2）选择"文字工具" [T]，双击字符，可以选择在任意两个标点符号间的文字。在行的任意位置单击三次以选择整行。在段落的任意位置单击四次可选择整个段落。在行或段落的任意位置单击五次可选择整篇文章。在文章的任意位置单击并执行"编辑" | "全选"命令，或按**Ctrl+A**快捷键，可以选择该篇文章的所有文本。

（3）选择"文字工具" [T]，在文档窗口或粘贴板的空白区域单击，即可取消文本的选取状态。

　选择"选择工具" [↖]，在文本框内双击可切换到"文字工具" [T]并插入光标。

2. 查看隐含字符

在编辑文章时，若能看到空格、段落结尾、索引标记及文章结尾等非打印的隐含字符，将会对编辑文章有所帮助，这些字符是不会被打印和输出的。执行"文字" | "显示隐含的字符"命令，即可显示隐含字符，如图2-41所示。

3. 插入字形及字符

（1）选择"文字工具" [T]，在文本框中单击插入光标。执行"文字" | "字形"命令，打开"字形"面板，可以使用该面板来选择不同的字体和字体样式，如图2-42所示，双击字符图标即可在文本中插入字形，如图2-43所示。

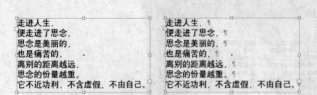

图2-41　显示隐含的字符　　　　　　　　　　图2-42　"字形"面板

（2）选择"文字工具" T，在文本框中单击插入光标，然后执行"文字" | "插入特殊字符"命令，在弹出的下级子菜单中选择需要的字符，如图2-44所示。

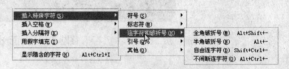

图2-43　插入字形　　　　　　　　　　　　图2-44　插入特殊字符

（3）选择"文字工具" T，在文本框中单击插入光标，然后执行"文字" | "插入空格"命令，在弹出的下级子菜单中选择需要的空格样式，如图2-45所示。

（4）选择"文字工具" T，在文本框中单击插入光标，然后执行"文字" | "插入分隔符"命令，在弹出的下级子菜单中选择需要的分隔符，如图2-46所示。分隔符为隐含字符，只有显示隐含字符，才能选取并删除分隔符。

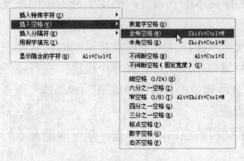

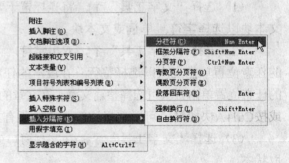

图2-45　插入空格字符　　　　　　　　　　图2-46　插入分隔符

4. 查找和替换文本

（1）在执行"查找/更改"命令前，首先在出版物中确定总的查找范围，然后执行"编辑" | "查找/更改"命令，打开"查找/更改"对话框。如图2-47所示。

（2）在"搜索"下拉列表中指定搜索范围，然后单击相应图标以包含锁定图层、主页、脚注或要搜索的其他项目。

（3）在"查找内容"文本框中，键入或粘贴要查找的文本或单击右侧的"要搜索的特殊字符"按钮@，在弹出的菜单中选择具有代表性的字符。

（4）在"更改为"文本框中，键入要更改的文本或单击右侧的"要替换的特殊字符"按钮@，在弹出的菜单中选择具有代表性的字符。

（5）单击"查找"按钮，可查找文本。要继续搜索，可单击"查找下一个"按钮。单击"更改"按钮，可更改文本。单击"全部更改"按钮，将更改在查找内容中输入的全部文本。若单击"更改/查找"按钮，将更改当前文本并搜索下一个。单击"完成"按钮，完成操作。

·文本：搜索特殊字符、单词、多组单词或特定格式的文本，并进行更改。还可以搜索特殊字符并替换特殊字符，如符号、标志符和空格字符。通配符选项可帮助扩大搜索范围。

·GREP：使用基于模式的高级搜索方法，搜索并替换文本和格式。

·字形：使用Unicode或GID/CID值搜索并替换字形，对于搜索并替换亚洲语言中的字形尤其有用。

·对象：搜索并替换对象和框架中的格式效果和属性。

·全角半角转换：可以转换亚洲语言文本的字符类型。例如，可以在日文文本中搜索半角片假名，然后用全角片假名替换。

5. 文章编辑器

在InDesign CS4中，用户既可以在页面中编辑文本，也可以在文章编辑器中编辑文本。在文章编辑器窗口写入和编辑文本时，允许整篇文章按照指定的字体、大小和间距显示，而无需考虑版面或格式的干扰。

要打开文章编辑器，可以先在页面中选择需要编辑的文本框，在文本框中单击一个插入点。然后执行"编辑"|"在文章编辑器中编辑"命令，就可以打开文章编辑器，可以输入和编辑文本，并显示过剩文本，如图2-48所示。编辑文章时，所做的更改将反映在版面窗口中。

图2-47 "查找/更改"对话框

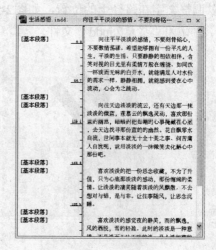

图2-48 文章编辑器

2.7 实例：奖章（创建和编辑路径文字）

使用"路径文字工具" 和"垂直路径文字工具" ，在创建文本时，可以使文本沿着一个开放或闭合路径的边缘进行水平或垂直方向排列，路径可以是规则或不规则的，路径文字和其他文本框一样有入口和出口。

下面将通过本节的"奖章"实例，详细讲解创建和编辑路径文字。奖章效果如图2-49所示。

（1）打开本书配套素材\Chapter-02\"奖章1.indd"文件，如图2-50所示。

（2）选择"选择工具" ，选取小正圆，按Ctrl+C快捷键进行复制，执行"编辑"|"原位粘贴"命令，进行原位粘贴。选取复制的小正圆，在控制面板中设置"W"、"H"的数值 ，等比例缩放小正圆，如图2-51所示。

图2-49　奖章效果图

图2-50　素材文件

图2-51　等比例缩放对象

（3）选择"路径文字工具" ，将指针定位到最小的正圆上，当指针变为 形状时在路径上单击产生插入点，并输入"步兵……"文字，输入文字后所有的文字都沿着路径进行排列，设置文字字体、字号、间距和颜色，如图2-52所示。不能使用复合路径来创建路径文字。

（4）选择"选择工具" ，将鼠标移动到文字的开头处，当指针变为 形状后，拖动鼠标以调整文字在路径上的位置，如图2-53所示。设置小正圆描边色为无，按Ctrl+Shift+S快捷键，另存为"奖章2.indd"文件。

图2-52　路径文字效果

图2-53　调整文字在路径上的位置

要对已有的路径文字进行特效设置，可以在选中路径后双击"路径文字工具"，打开"路径文字选项"对话框，如图2-54所示。

图2-54　"路径文字选项"对话框

在该对话框中，可以通过各种选项之间的搭配，设置多种路径文字特效。

- "效果"下拉列表框：用于选择文本在路径上的分布方式。
- "翻转"复选框；选中该复选框，可使路径上的文字显示在路径的另一边。
- "对齐"下拉列表框：用于选择路径在文字垂直方向的位置。
- "到路径"下拉列表框：用于选择文字到路径的距离。
- "间距"下拉列表框：用于选择文字在路径急转弯或锐角处的水平距离。

2.8 实例：艺术字（从文本创建路径）

在InDesign CS4中，将文本转化为轮廓后，可以像对其他图形对象一样进行编辑和操作。通过这种方式，可以创建多种特殊文字效果。

下面将通过本节的"艺术字"实例详细讲解将文本转换为路径和创建文本外框。艺术字效果如图2-55所示。

图2-55 艺术字效果图

1. 将文本转换为路径

（1）按Ctrl+N快捷键，新建文档。

（2）选择"文字工具"T，键入"鲜"文字，如图2-56所示；设置字体为"方正粗倩简体"，为文字填充颜色（R：0、G：85、B：157），效果如图2-57所示。

（3）选取"鲜"文字，在控制面板或"字符"面板的"倾斜"微调框 T 15° 中输入角度值，使文字倾斜，效果如图2-58所示。

（4）选取"鲜"文字，执行"文字"|"创建轮廓"命令，或按Ctrl+Shift+O快捷键，将文字转化为路径，使用"直接选择工具"选取转化后的文字效果，如图2-59所示。选择"直接选择工具"，选取文本框，执行"文字"|"创建轮廓"命令，或按Ctrl+Shift+O快捷键，也可将文本转换为路径。

图2-56 键入文字　　　图2-57 设置字体并填充颜色　　　图2-58 倾斜文字

（5）选择"直接选择工具"，扩选"鲜"文字上的部分节点，按Delete键删除选中的节点，效果如图2-60所示。

（6）选择"钢笔工具"，绘制"＿＿＿"图形。为该图形填充颜色（R：35、G：142、B：58），与"鲜"文字笔画组合，效果如图2-61所示。

图2-59　将文字转化为路径　　　图2-60　选择并删除节点　　　图2-61　绘制图形并填充颜色

2. 创建文本外框

（1）选择"文字工具" T ，键入"Green"文字，设置字体为"Arial Bold"，为文字填充颜色（R：143、G：196、B：47），效果如图2-62所示。

（2）选择"直接选择工具" ，选取文本框，执行"文字" | "创建轮廓"命令，或按Ctrl+Shift+O快捷键，将文字转换为路径，如图2-63所示。

图2-62　键入文字、设置字体并填充颜色　　　　　　图2-63　将文字转化为路径

（3）选择"选择工具" ，选取一张置入的图片，如图2-64所示，按Ctrl+X快捷键，将其剪切。选择"选择工具" ，选取转化为轮廓的文字，执行"编辑" | "贴入内部"命令，将图片贴入转化后的文字中，效果如图2-65所示。按Ctrl+S快捷键，保存为"艺术字.indd"。

图2-64　置入的图片　　　　　　　图2-65　剪切并贴入图片

　文本转化为轮廓后，将不再具有文本的一些属性，这就需要在文本转化成轮廓之前先按需要调整文本的字体及大小。

课后练习

1. 设计制作名片，效果如图2-66所示。

要求：

（1）创建文本框。

（2）输入文本。

（3）移动、缩放文本框。

2. 设计标志，效果如图2-67所示。

图2-66 制作名片

图2-67 标志设计

要求：

（1）创建路径文字。

（2）编辑路径文字。

3. 制作艺术文字，效果如图2-68所示。

图2-68 制作艺术字

要求：

（1）键入、设置文本。

（2）将文本转换为路径。

（3）移动、删除节点、绘制路径图形。

第3课

版式编排

本课知识结构

本课将介绍InDesign CS4中的版式编排功能，具体通过经典实例的制作过程，来阐述字符和段落格式、字符和段落样式、复合字体、文本绕排、定位符等理论知识，为快速进行版式编排打下坚实的基础。希望读者在学习的过程中，细心体会InDesign CS4完善的版式编排功能。

就业达标要求

☆ 设置字符和段落格式　　　　　　☆ 创建复合字体

☆ 创建和应用字符样式　　　　　　☆ 创建和应用段落样式

☆ 设置文本绕排　　　　　　　　　☆ 应用定位符

3.1　实例：电脑宣传页（设置文本格式和段落格式）

设置文本的格式包括对字体、字号、行距、字间距、文字样式等进行的属性设置。通过调整文本属性，可以针对不同文字灵活多样地实现各种特殊的字形以满足当前版面布局的需要。

对出版物中的文章段落进行格式化，可以增强出版物的可读性和美观性。执行段落格式化操作之前，必须使用"文字工具"将文本选中或将指针定位在段落中。

下面将以本节即将制作的电脑宣传页为例，详细讲解文本格式和段落格式的设置。制作完成的"电脑宣传页"效果如图3-1所示。

1. 设置文本格式

（1）启动InDesign CS4应用程序，执行"文件"|"新建"|"文档"命令，或按Ctrl+N快捷键，在打开的"新建文档"对话框中设置文档的尺寸，宣传页尺寸是210mm×285mm，如图3-2所示；设置好后单击"边距和分栏"按钮，在打开的"新建边距和分栏"对话框中设置四周边距均为0毫米，如图3-3所示。

（2）选择"文字工具" T，在页面适当的位置拖曳出一个文本框，粘贴入文字"虹誉系列是为商用客户设计的……"，选择"选择工具" ，直接拖动文本框至合适的位置；选择"选择工具" ，选取文本框，拖动文本框的任何控制点，均可缩放文本框，如图3-4所示。

图3-2 "新建文档"对话框

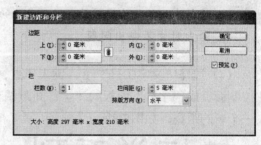

图3-3 "新建边距和分栏"对话框

图3-1 "电脑宣传页"效果图

图3-4 贴入文字、移动和缩放文本框

（3）选择"文字工具" T，在文本的任意位置单击并执行"编辑"|"全选"命令，或按Ctrl+A快捷键，全选文字。选择"窗口"|"控制"命令，打开控制面板，如图3-5所示，在控制面板中设置"字体"为"汉仪中等线简"，"大小"为9点，"行距"为13.5点；也可以执行"窗口"|"文字和表"|"字符"命令，或按Ctrl+T快捷键，打开"字符"面板，在"字符"面板中设置字体和字号，如图3-6所示；还可以执行"文字"|"字体"和"文字"|"大小"命令设置字体和大小。文本效果如图3-7所示。

图3-6 "字符"面板

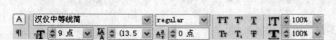

图3-5 在控制面板中设置字体和字号

虹誉系列是为商用客户设计的一款领先、易用的数字办公平台，外观稳重得体，具有性能强大、稳定可靠、扩展能力强的特点。全面采用主流技术的文信系列电脑引入国际化设计理念，从里到外都带给您全新的体验。独有的电脑救护系统满足用户使用中对安全、稳定、智能、易操作、易维护等多方面的需求，为您搭建一个领先简易的数字办公平台。
采用全新的 Intel 双核技术，满足多任务处理的需求。
采用最新的图形加速技术，图形处理顺畅自如。
具有强大的网络管理性，轻松实现资产管理，节省 IT 成本，提高工作效率。
独有的电脑救护中心，解除您的后顾之忧。

图3-7　设置字体和字号

中文字体通常都取自某个字库，如汉仪、文鼎和方正等业内通用的中文字库等。在设计中一般要使用前面有字库名称的字体，这些字体大多是矢量字体（TrueType），输出时才不会出问题。

（4）选择"文字工具" T，键入"虹誉系列"文字，并设置字体和大小；选取文字，在控制面板或"字符"面板的"字符间距调整"微调框 ₩ 100 中选择一个预定义距离或输入一个新的距离，如图3-8所示。

虹誉系列　虹誉系列

图3-8　设置文字间距

（5）选取"虹誉系列"标题文字，在控制面板或"字符"面板的"垂直缩放"微调框 IT 90% 或"水平缩放"微调框 T 120% 中设置特定的长宽比例，如图3-9所示。

虹誉系列 虹誉系列 虹誉系列

图3-9　设置文字长宽比例

（6）选取"虹誉系列"标题文字，在控制面板或"字符"面板的"倾斜"微调框 T 15° 中设置倾斜的角度，如图3-10所示。

独特的使用功能　　独特的使用功能

图3-10　设置文字倾斜

（7）选择"文字工具" T，键入"www.xlhy.com"文字，设置"字体"为"Arial"并设置文字大小和颜色；选取文字，在控制面板或"字符"面板的"旋转"微调框 15° 中选择一个预定义旋转角度或输入一个新的角度，如图3-11所示。

www.xlhy.com　　ｗｗｗ.ｘｌｈｙ.ｃｏｍ

图3-11　设置文字旋转

· 行距：相邻两行基线之间的垂直纵向距离。测量行距是计算一行文本的基线到上一行文本基线的距离。行距是一种字符属性，可以在同一段落内应用多个行距值。一行文字中的最大行距值决定该行的行距。

· 字偶间距：调整字偶间距 ⬚原始设⬚ 可以增大或减小特定字符的间距。如图3-12所示为对两个字符间应用不同字偶间距的效果。

爱情字典　　爱情 字典

图3-12　调整文字字偶间距

· 比例间距：调整比例间距 ⬚0%⬚ 会使字符周围的空间按比例压缩，但字符的垂直和水平缩放将保持不变。如图3-13所示为对字符应用不同比例间距的效果。

爱情字典　　　爱情字典

图3-13　调整文字比例间距

· 网格指定格数：可以通过"网格指定格数"微调框 ⬚0⬚ 对指定网格字符进行文本调整。例如，如果选择了4个输入的字符，并且将指定格数设置为8，那么这4个字符将在网格中均匀地分布在8个字符的空间中，如图3-14所示，左图是将网格指定格数设置为4得到的效果，右图是将网格指定格数设置为8得到的效果。

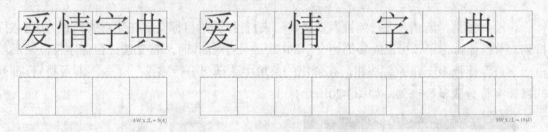

图3-14　设置文字网格指定格数

· 基线偏移：使用基线偏移可以使文字相对于这一行中其他文本的基线向上或向下偏移，可以手动调整分数或随文图形的位置。要对文本应用基线偏移，可以先选择文本，然后在控制面板或"字符"面板的"基线偏移"微调框 ⬚0点⬚ 中进行设置，如图3-15所示。

· 上标和下标：默认情况下，上下标的文字大小是原来的58.3%，上下偏移的距离是原字高的33.3%。要对选取的文字设置上标或下标，可以在选中文字后，在控制面板中单击"上标"按钮 T 或者单击"下标"按钮 T_1，设置上下标后的效果如图3-16所示。

1/4　1/4　　　　　60m^2 a$_n$

图3-15　设置文本基线 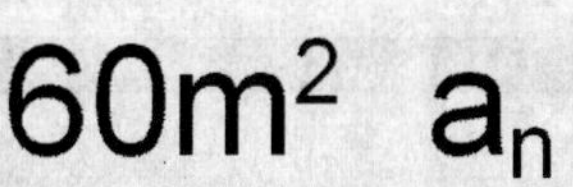　　　　　　图3-16　使字符成为上标或下标

· 下画线和删除线：可以在选中文字后，在控制面板中单击"下画线"按钮 T 或者单击"删除线"按钮 T，为文字设置下画线和删除线后的效果如图3-17所示。如果要对下画线、删除线的属性进行修改，单击"字符"面板右上方的 ⬚ 按钮，在弹出的菜单中选择"下画线选项"、"删除线选项"命令，打开"下画线选项"、"删除线选项"对话框，在对话框中进行相关属性的设置。

2. 高级格式化字符

在格式化文本时，有一些不常用的格式化字符命令，通过这些命令，可以解决诸多特殊格式的排版问题，下面就将为读者进行讲解。

• 直排内横排：所谓"直排内横排"就是将垂直文本中不符合阅读习惯的竖排字符（例如，阿拉伯字符、英文单词）水平排列，以方便用户的阅读。具体操作时，首先选择垂直排列的字符，然后单击"字符"面板右上角的 按钮，在弹出的菜单中选择"直排内横排"命令，即可将垂直排列的字符旋转成水平排列，如图3-18所示。

图3-17 文字添加下画线和删除线   图3-18 直排内横排字符前后的效果

若对直排内横排的字符大小和位置感到不满意，除了可用"字符"面板进行缩放、间距的调整外，还可按Shift+Ctrl+H键，打开"直排内横排设置"对话框，如图3-19所示。通过该对话框还可以调整直排内横排字符上下、左右的位置。

• 分行缩排：所谓"分行缩排"就是将原来1行排列的目标文字在缩小的同时分成2~5行排列。分行缩排常用于标题或装饰性文字的排版。具体操作时，首先选择目标字符，然后单击"字符"面板右上角的 按钮，在弹出的菜单中选择"分行缩排"命令，即可将1行排列的目标字符分成多行排列，如图3-20所示。

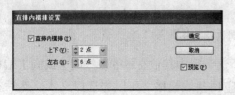

图3-19 "直排内横排设置"对话框   图3-20 分行缩排效果

如果用户对分行缩排的效果不满意，可在选择分行缩排文字后按快捷键Alt+Ctrl+Z，将打开如图3-21所示的"分行缩排设置"对话框，在其中进行设置来调整分行缩排效果，如图3-22所示。

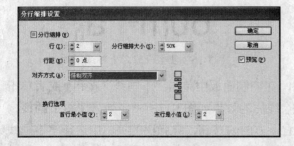

图3-21 "分行缩排设置"对话框   图3-22 强制双齐的分行缩排效果

• 拼音：通过“拼音”对话框可对目标汉字添加拼音，并可设置拼音的位置、大小或颜色。当拼音长度超过正文长度时，还可以指定拼音分布范围。如果要附加拼音的正文包括两行，则会在正文转入下一行的位置加入拼音。具体操作时，首先选择目标汉字，然后单击“字符”面板右上角的按钮，在弹出的菜单中执行“拼音”|“拼音”命令，打开“拼音”对话框，如图3-23所示。在“拼音”文本框中通过键盘和软键盘输入拼音字母，单击“确定”按钮即可完成设置，如图3-24所示。

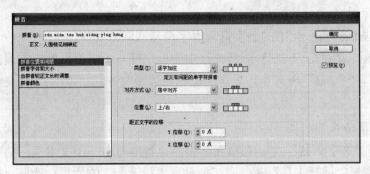

拼音
拼音(R): rén miàn táo huā xiāng yìng hóng
正文：人面桃花相映红
确定
取消
预览(P)
拼音位置和间距
拼音字体和大小
当拼音较正文长时调整
拼音颜色
类型(T): 逐字加注
定义有间距的单字符拼音
对齐方式(A): 居中对齐
位置(L): 上/右
距正文字的位移
Y 位移(Y): 0 点
X 位移(X): 0 点

图3-23 “拼音”对话框

提示 为了提高排版速度，一般先在Word文档中对目标字符添加好拼音，然后再到InDesign CS4文档中进行详细调整。

• 着重号：着重号即附加于文字上方或下方的点，以突出、强调该文字的重要性。InDesign CS4提供了多种类型的着重号样式，还允许用户自定义着重号。通过“着重号”对话框可以对着重号的位置、大小和颜色等进行全方位设置。具体操作时，首先选择目标字符，然后单击“字符”面板右上角的按钮，在弹出的菜单中执行“着重号”|“着重号”命令，打开“首重号”对话框，如图3-25所示，在该对话框中进行相应的设置后，单击“确定”按钮即可完成设置，效果如图3-26所示。

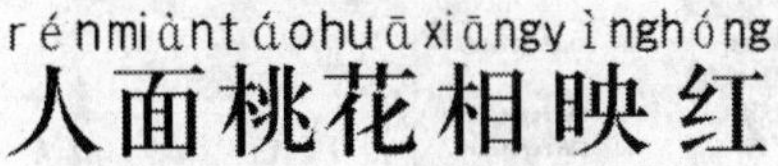

rénmiàntáohuāxiāngyìnghóng
人面桃花相映红

图3-24 对汉字添加拼音

着重号
着重号设置
着重号颜色
偏移(O): 0 点
位置(L): 下/左
大小(S): 24 点
对齐(A): 居中
水平缩放(H): 100%
垂直缩放(V): 100%
字符(C): 实心圆点
确定
取消
预览(P)

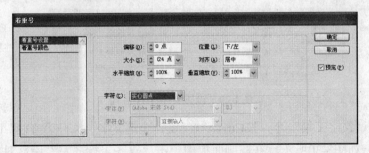

图3-25 “着重号”对话框

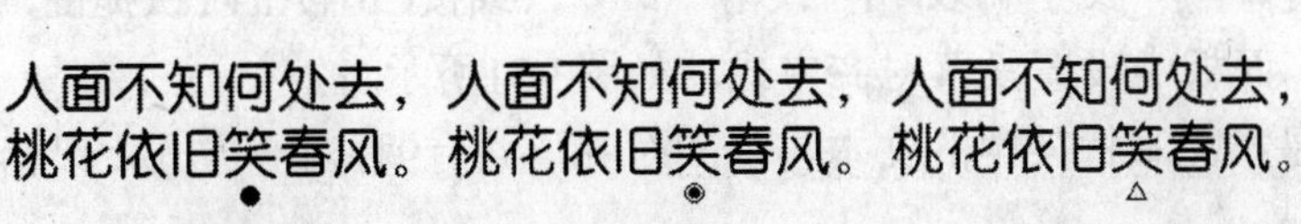

人面不知何处去，人面不知何处去，人面不知何处去，
桃花依旧笑春风。桃花依旧笑春风。桃花依旧笑春风。
实心圆点
鱼眼
空心三角形

图3-26 各种着重号设置效果

·字符对齐方式：当文本中有字号大小不一的文字时，单击目标文本框或选中目标文字，然后单击"字符"面板右上角的 按钮，在弹出的菜单中选择"字符对齐方式"命令中的任意一个子命令即可，如图3-27所示。

以下为"字符对齐方式"命令下各子命令的简要说明。

·全角字框（上/右、居中、下/左）：将一行中的小字符与大字符全角字框的指定位置对齐。在直排文本框中，"上/右"将文本与全角字框的右边缘对齐，"下/左"将文本与全角字框的左边缘对齐。

·罗马字基线：将一行中的小字符与大字符基线网格对齐。

·表意字框（上/右、下/左）：将一行中的小字符与大字符所确定的表意字框对齐。在直排文本框中，"上/右"将文本与表意字框的右边缘对齐，"下/左"将文本与表意字框的左边缘对齐。

3. 设置段落格式

（1）选择"文字工具" T ，在页面适当的位置拖曳出一个文本框，粘贴入文字"虚拟平台……"，选择"选择工具" ，直接拖动文本框至合适的位置；选择"选择工具" ，选取文本框，拖动文本框的任何控制点，均可缩放文本框，如图3-28所示。

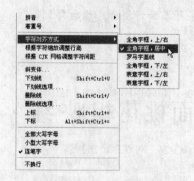

图3-27　字符对齐方式

图3-28　贴入文字、移动和缩放文本框

（2）选择"文字工具" T ，选取文字，并设置文字字体、大小、行距及颜色，效果如图3-29所示。

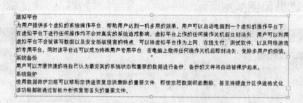

图3-29　设置文字字符格式

（3）选择"文字工具" T ，按Ctrl+A快捷键，全选文字。执行"窗口"|"控制"命令，打开控制面板，如图3-30所示，在控制面板中单击"双齐末行齐左"段落对齐方式按钮 ；也可以执行"窗口"|"文字和表"|"段落"命令，或按Ctrl+Alt+T快捷键，打开"段落"面板，在"段落"面板中设置段落对齐方式，如图3-31所示。

文本对齐是指文本框架中的文本与框架对齐，共有9种对齐方式，段落文字对齐效果如图3-32所示。

图3-30 在控制面板中设置段落格式 图3-31 "段落"面板

图3-32 段落文字对齐效果

- "左对齐"按钮：单击该按钮后，文本将靠文本框架左侧对齐。
- "居中对齐"按钮：单击该按钮后，文本将沿文本框架中心线对齐。
- "右对齐"按钮：单击该按钮后，文本将靠文本框架右侧对齐。
- "双齐末行齐左"按钮：单击该按钮后，除段落最后一行靠文本框架左侧对齐，其余的行将对齐到两侧的文本框架。
- "双齐末行居中"按钮：单击该按钮后，除段落最后一行沿文本框架中心线对齐，其余的行将对齐到两侧的文本框架。
- "双齐末行齐右"按钮：单击该按钮后，除段落最后一行靠文本框架右侧对齐，其余的行将对齐到两侧的文本框架。
- "全部强制双齐"按钮：单击该按钮后，段落中所有的行在进行平均后都强制对齐到两侧的文本框架。
- "朝向书脊对齐"按钮：单击该按钮后，段落中所有的行都将在书脊一侧对齐。
- "背向书脊对齐"按钮：单击该按钮后，段落中所有的行都将在书脊对侧对齐。

（4）选择"文字工具"，在段落文本中单击插入光标，在控制面板或"段落"面板中的"左缩进"参数栏中输入5mm，效果如图3-33所示。

段落缩进是使文本从框架的左边缘或右边缘向内移动一定距离。通常，应使用首行缩进来缩进段落的第一行，以便实现每个段落开始空两格的格式，首行缩进是相对于左边距缩进定位的。可以使用控制面板、"段落"面板或"定位符"面板来设置缩进。还可以在创建项目符号或编号列表时设置缩进。

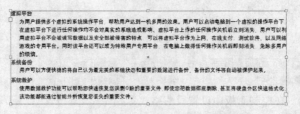

图3-33　设置段落缩进

在"段落"面板和控制面板中都提供了4种缩进方式，分别是"左缩进"、"右缩进"、"首行左缩进"和"末行右缩进"，段落缩进效果如图3-34所示。

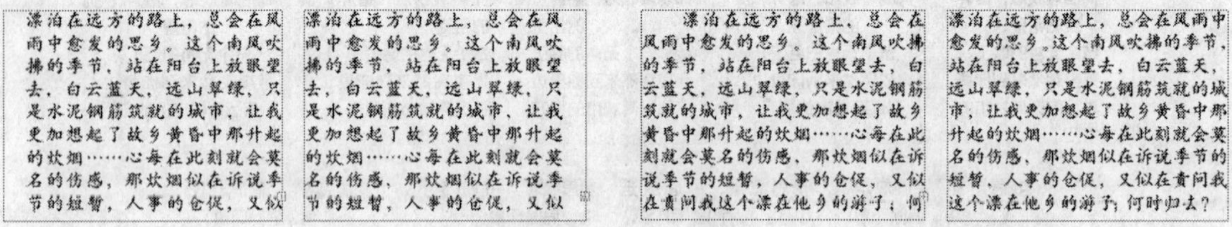

图3-34　段落缩进效果

选择"文字工具"Ｔ，在段落文本中单击插入光标，在控制面板或"段落"面板中的"左缩进"参数栏中输入大于0的数值，再在"首行左缩进"参数栏中输入一个小于0的数值，可以使文本悬挂缩进，如图3-35所示。

（5）选择"文字工具"Ｔ，在段落文本中单击插入光标，在控制面板或"段落"面板中的"段后间距"参数栏中输入2mm，如图3-36所示。

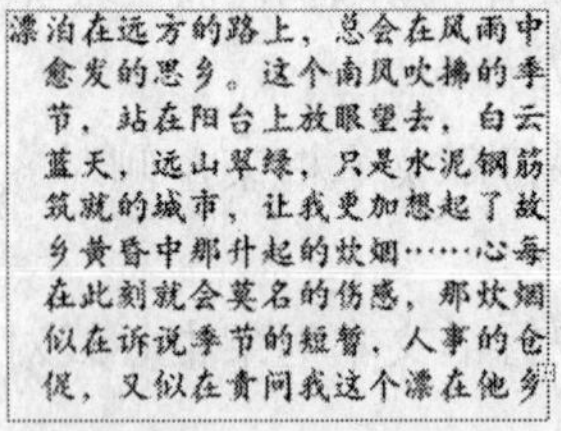

图3-35　悬挂缩进

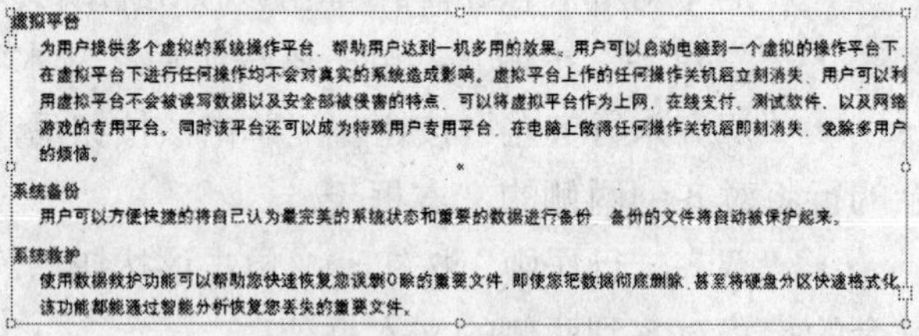

图3-36　调整段落间距

段落间距是指同一个文本框架中的两个段落之间的距离。通过设置段落间距可以有效控制段落之间的距离，便于突出重点段落。在"段落"面板和控制面板中都提供了2种段落间距的设置，即"段前间距"和"段后间距"。

（6）选择"文字工具"Ｔ，在段落文本中单击插入光标，单击"段落"面板右上方的按钮，在弹出的菜单中选择"段落线"命令，打开"段落线"对话框，如图3-37所示。在对话框上

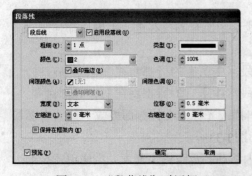

图3-37　"段落线"对话框

方选取"段后线"选项，勾选"启用段落线"复选框，可激活下面的选项，设置段落线的粗细为1点、颜色为蓝、宽度为文本宽度、位移为0.5mm，文本效果如图3-38所示。段落宽度为栏宽时的文本效果如图3-39所示。

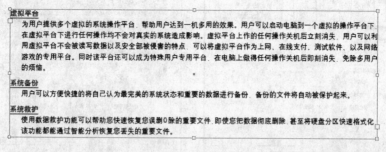

图3-38 添加段落线

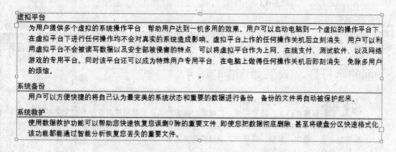

图3-39 段落线宽度为栏宽时的文本效果

段落线是一种段落属性，可随段落在页面中一起移动并适当调节长短。段前的为段前线，段后的为段后线，段落线的宽度由栏宽和文本宽度决定。段前线位移是指从文本顶行的基线到段前线底部的距离。段后线位移是指从文本末行的基线到段后线顶部的距离。在"段落线"对话框中可以设置段落线的宽度、颜色、缩进等属性。

（7）选择"文字工具" T ，选取需要的文本，在控制面板中单击"项目符号列表"按钮，为文本添加项目符号，效果如图3-40所示。

采用全新的 Intel 双核技术，满足多任务处理的需求。 ■ 采用全新的 Intel 双核技术，满足多任务处理的需求。
采用最新的图形加速技术，图形处理顺畅自如。 ■ 采用最新的图形加速技术，图形处理顺畅自如。
具有强大的网络管理性，轻松实现资产管理，节省 IT 成本，提高工作效率。 ■ 具有强大的网络管理性，轻松实现资产管理，节省 IT 成本，提高工作效率。
独有的电脑救护中心，解除您的后顾之忧。 ■ 独有的电脑救护中心，解除您的后顾之忧。

图3-40 添加项目符号

在书中使用项目符号和编号，不仅可以使书的内容有条理、清晰、美观，而且更利于阅读。创建项目符号列表或编号列表的快速方法是：选取文字，然后单击控制面板的"项目符号列表"按钮或"编号列表"按钮，为段落添加编号后的效果如图3-41所示。

1. 采用全新的 Intel 双核技术，满足多任务处理的需求。
2. 采用最新的图形加速技术，图形处理顺畅自如。
3. 具有强大的网络管理性，轻松实现资产管理，节省 IT 成本，提高工作效率。
4. 独有的电脑救护中心，解除您的后顾之忧。

图3-41 添加编号

如果要设置项目符号和编号，可以选中要添加项目符号或编号的段落，单击"段落"面板右上方的 按钮，在弹出的菜单中选择"项目符号和编号"命令，打开"项目符号和编号"对话框，如图3-42所示，在对话框中选择需要的选项进行相关设置。

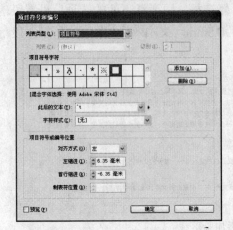

图3-42 "项目符号和编号"对话框

（8）选择"文字工具" T，在段落文本中单击插入光标，在控制面板或"段落"面板中的"首字下沉行数"参数栏 中输入下沉的行数，在"首字下沉一个或多个字符"参数栏中输入下沉的字符数，效果如图3-43所示。

虹誉系列是为商用客户设计的一款领先、易用的数字办公平台，外观稳重得体，具有性能强大、稳定可靠、扩展能力强的特点。全面采用主流技术的文信系列电脑引入国际化设计理念，从里到外都带给您全新的体验，独有的电脑救护系统满足您使用中对安全、稳定、智能、易操作、易维护等多方面的需求，为您搭建一个领先简易的数字办公平台。

图3-43 首字下沉

（9）贴入标志，置入电脑图片，在"定位符"面板中设置电脑宣传页参数简表。按Ctrl+S快捷键，保存为"电脑宣传页.indd"。

4. 避头尾设置

避头尾是中文、日文等双字节文字特有的字符设置。根据中国人的习惯，一些标点符号不能出现在文本段落的行首（尾）。人们把这些不能出现在行首（尾）的字符称为避头尾字符或禁排字符。用户除了可以选择InDesign CS4自带的多种避头尾集外，还可以自定义避头尾集。

• 应用避头尾：InDesign CS4自带了日文、韩文、简体和繁体中文等多种避头尾集，一般用户只需选择"简体中文避头尾"项即可。具体操作时，首先在目标文本框中单击或选择目标段落，然后执行"文字"|"避头尾设置"菜单命令，打开"避头尾规则集"对话框，在"避头尾设置"下拉列表框中选择"简体中文避头尾"选项，如图3-44所示，单击"确定"按钮，避头尾设置即可应用于目标文本。

• 自定义避头尾集：如果InDesign CS4自带的避头尾集仍不能满足需要，InDesign CS4还允许用户自定义避头尾集。具体操作时，只需在打开的"避头尾规则集"对话框中单击"新建"按钮，打开"新建避头尾规则集"对话框，如图3-45所示，用户可以输入新的避头尾集名称，指定作为新集基准的当前集。然后根据需要在禁排选项（比如，"禁止在行首的字符"）空格处单击，若要添加字符，则在"字符"框中输入字符，单击"添加"按钮即可插入自定义的字符；若要删除字符，则单击目标字符，单击"移去"按钮，即可删除该字符。设置完毕后，单击"保存"按钮，即可保存自定义避头尾设置。

· 删除避头尾集：打开"避头尾规则集"对话框，在"避头尾设置"下拉列表框中选择要删除的避头尾集，单击"删除集"按钮即可删除该避头尾规则集。

· 打开或关闭"不换行"：选择要影响的文本，单击"字符"面板右上角的 按钮，在弹出的菜单中选择"不换行"命令，然后在"避头尾规则集"对话框的"禁止分开的字符"部分指定字符，这些字符将不会在折行时分开，也不会在执行两端对齐操作时被断开。

· 推入推出避头尾文本：为了避免避头尾字符出现在行首或行尾，可对文本进行推入或推出设置。具体操作时，首先单击目标文本框架，然后单击"段落"面板右上角的 按钮，在弹出的菜单中选择"避头尾间断类型"命令中的子命令即可，如图3-46所示。其中执行"先推入"命令，可以优先尝试将避头尾字符放在同一行中；执行"先推出"命令，可以优先尝试将避头尾字符放在下一行；执行"仅推出"命令，可以始终将避头尾字符放在下一行；执行"确定调整数量优先级"命令，可以在当推出文本所产生的间距扩展量大于推入文本所产生的间距压缩量时，就会推入文本。

图3-44 "避头尾规则集"对话框

图3-45 "新建避头尾规则集"对话框

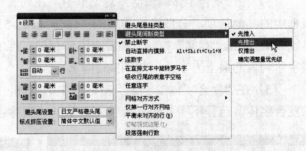

图3-46 避头尾间断类型

3.2 实例：制作汉仪中黑简+Arial复合字体（复合字体）

在排版过程中，为了使页面更加美观，需要在出版物中将混排的英文单词或数字改用英文字体进行定义。如果单独选中每一个英文单词或数字进行重新定义，这样对于大型出版物来说工作量是十分巨大的。在InDesign CS4中，可以设定一种新的字体（复合字体），它可以分别对出版物中的中英文进行定义。

下面将以本节即将制作的"汉仪中黑简+Arial"复合字体为例，详细讲解复合字体的制作步骤。制作完成的"汉仪中黑简+Arial"复合字体文字效果如图3-47所示。

InDesign CS4 自学教程

图3-47 "汉仪中黑简+Arial"复合字体

（1）执行"文字"|"复合字体"命令，打开"复合字体编辑器"对话框，如图3-48所示。

　　（2）在"复合字体编辑器"对话框中，单击"新建"按钮，打开"新建复合字体"对话框，在"名称"文本框中输入复合字体的名称，如图3-49所示，单击"确定"按钮，返回到"复合字体编辑器"对话框中。

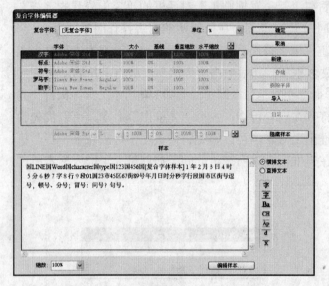

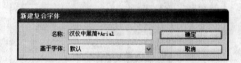

图3-48　"复合字体编辑器"对话框　　　　　　图3-49　"新建复合字体"对话框

　　（3）在"复合字体编辑器"对话框中，在列表框下方选取字体，如图3-50所示。单击列表框中的其他选项，分别设置需要的字体，如图3-51所示。

　　（4）单击"存储"按钮，将复合字体存储，再单击"确定"按钮，复合字体制作完成，在字体列表的最上方显示，如图3-52所示。

　　（5）在"复合字体编辑器"对话框中的右侧，单击"导入"按钮，可导入其他文本中的复合字体。选择不需要的复合字体，单击"删除字体"按钮，可删除复合字体。

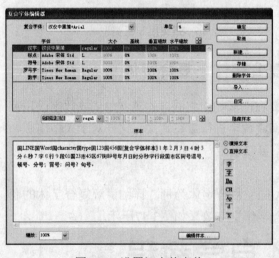

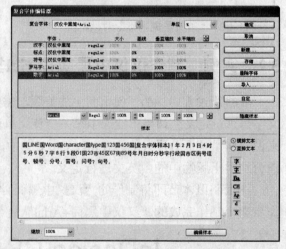

图3-50　设置汉字的字体　　　　　　　　　图3-51　设置英文和数字的字体

　　（6）选择"文字工具"，选取"InDesign CS4自学教程"文字，在控制面板中设置"字体"为"汉仪中黑简+Arial"。

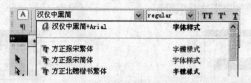

图3-52 设定的复合字体

3.3 实例：菜单设计（设置字符样式）

字符样式是通过一个步骤就可以为文本应用一系列字符格式属性的集合。通过设置字符样式，可以指定字符在该样式中的各种格式属性，并且将所有的属性设置应用到所选的文本上。

下面将以本节即将设计的菜单为例，详细讲解字符样式的设置。制作完成的菜单效果如图3-53所示。

1. 创建字符样式

（1）打开本书配套素材\Chapter-03\"菜单1.indd"文件，如图3-54所示。

图3-53 菜单效果图

图3-54 打开文件

（2）执行"窗口"|"文字和表"|"字符样式"命令，或按Shift+F11快捷键，打开"字符样式"面板，如图3-55所示。执行"文字"|"字符样式"命令，也可打开"字符样式"面板。

（3）单击"字符样式"面板下方的"创建新样式"按钮，在面板中生成新样式，如图3-56所示。

（4）双击新样式的名称，打开"字符样式选项"对话框，在"样式名称"文本框中输入文字"菜名"，在左侧列表框中单击"基本字符格式"选项，在"基本字符格式"选项区域中设置"字体系列"为"方正隶二简体"，"大小"为"19点"，如图3-57所示。在左侧列表框中单击"字符颜色"选项，设置字符颜色为（R：139、G：65、B：0），如图3-58所示。完成设置后，单击"确定"按钮即可。

图3-55　"字符样式"面板

图3-56　新建字符样式

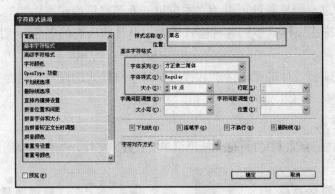

图3-57　设置字符格式

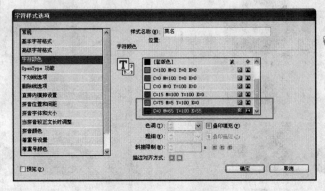

图3-58　设置字符颜色

在InDesign CS4中，用户可以将其他InDesign文档中的字符样式载入到当前编辑的文档中。在"字符样式"面板弹出菜单中选择"载入字符样式"命令，然后根据打开的对话框进行载入设置。

2. 应用字符样式

（1）选择"文字工具" T ，选取"【芥兰拼桃仁】22元/份"文字，在"字符样式"面板中单击需要的字符样式"菜名"，为选取的文字添加样式，效果如图3-59所示。

【芥兰拼桃仁】22元/份

图3-59　应用字符样式

（2）选择"文字工具" T ，选取其他菜名文字，在"字符样式"面板中单击需要的字符样式"菜名"，依次为选取的文字添加样式。按Ctrl+Shift+S快捷键，另存为"菜单2.indd"文件。

3. 编辑字符样式

对于已有的字符样式，如果需要修改部分字符的样式属性，可以在"字符样式"面板中双击需要编辑的字符样式名称，打开"字符样式选项"对话框，从中进行字符样式的编辑。

4. 复制字符样式

将已有的字符样式进行复制后，可以创建已有字符样式的副本，通过对副本中的文字属性进行修改，生成基于已有字符样式的新的字符样式。

在"字符样式"面板中，选中需要复制的字符样式后，单击面板右上角的 按钮，在弹出的菜单中选择"直接复制样式"命令，打开"直接复制字符样式"对话框。根据实际的需要完成逐项的设置后，单击"确定"按钮，这时在"字符样式"面板中，就可以看到复制的字符样式。将字符样式直接拖动到"创建新样式"按钮 上，也可复制样式，如图3-60所示。

5. 删除字符样式

要将已定义的样式从"字符样式"面板中删除，可以在"字符样式"面板中选中需要删除的字符样式后，单击该面板右上角的 按钮，在弹出的菜单中选择"删除样式"命令，打开"删除字符样式"对话框，如图3-61所示。将字符样式直接拖动到"字符样式"面板的 按钮上，即可删除样式。

图3-60　复制字符样式

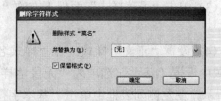

图3-61　"删除字符样式"对话框

如果要使已经使用该样式的文字保留现有的样式，可以在"删除样式并替换为"下拉列表中选择"无"选项，并选中"保留格式"复选框；否则在"删除样式并替换为"下拉列表中选择其他的样式名称。

3.4　实例：书籍文字排版（设置段落样式）

段落样式中包括字符和段落格式属性，样式中的一些选项同字符样式中的相同。段落样式与字符样式的主要区别是：字符样式主要应用于用户所选的单个或多个字符，而段落样式则主要应用于段落，不能只修改段落中的个别字符。

下面将以本节的书籍文字排版为例，详细讲解段落样式的设置。排版完成的书籍文字效果如图3-62所示。

1. 创建段落样式

（1）打开本书配套素材\Chapter-03\"书籍文字排版1.indd"文件，如图3-63所示，"书籍文字排版1.indd"文件已经置入了书籍部分文字。

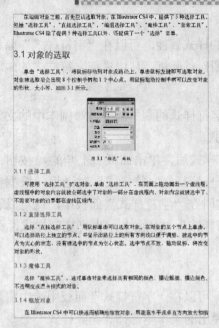

图3-62　排版书籍文字

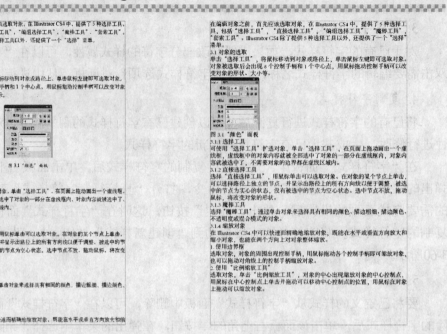

图3-63　置入文字

（2）执行"窗口"|"文字和表"|"段落样式"命令，或按F11快捷键，打开"段落样式"面板，如图3-64所示。执行"文字"|"段落样式"命令，也可打开"段落样式"面板。

（3）单击"段落样式"面板下方的"创建新样式"按钮，在面板中生成新样式，如图3-65所示。

（4）设置"正文"样式：在"样式名称"文本框中输入文字"正文"，在"常规"选项区域中设置"基于"选项为"无段落样式"，"下一样式"选项为"同一样式"，如图3-66所示。在左侧列表框中单击"基本字符格式"选项，在"基本字符格式"选项区域中设置"字体系列"为复合字体"汉仪书宋一简times"，"大小"为"11点"，行距为"17点"，如图3-67所示。在左侧列表框中单击"缩进和间距"选项，在"对齐方式"下拉列表框中选择"双齐末行齐左"选项，设置首行缩进为"7.5mm"，如图3-68所示。设置字符颜色为"黑色"，完成设置后，单击"确定"按钮即可。

图3-64　"段落样式"面板

图3-65　新建段落样式

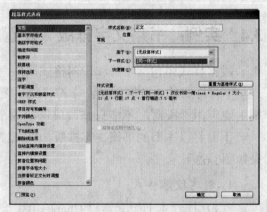

图3-66　设置"正文"样式常规选项

"下一样式"选项是指定当按"Enter"键时在当前样式之后应用的样式。"基于"选项是选择当前样式所基于的样式，使用此选项，可以将样式相互链接，以便一种样式中的变化可以反映到基于它的子样式中。

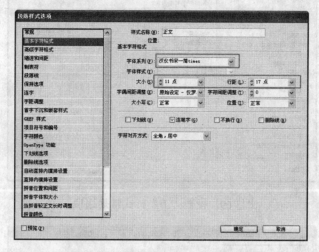

图3-67　设置"正文"样式字符格式

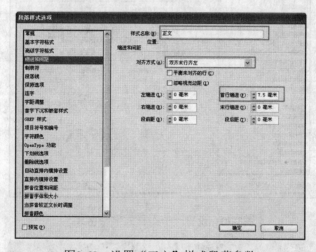

图3-68　设置"正文"样式段落参数

若想在现有文本格式的基础上创建一种新的样式，选择该文本或在该文本中单击插入光标，单击"段落样式"面板下方的"创建新样式"按钮即可。

（5）设置"节"样式：在"样式名称"文本框中输入文字"节"，在"常规"选项区域中设置"基于"选项为"无段落样式"，"下一样式"选项为"正文"，如图3-69所示。在左侧列表框中单击"基本字符格式"选项，在"基本字符格式"选项区域中设置"字体系列"为复合字体"汉仪中黑简Arial"，"大小"为"18点"，行距为"21.6点"，如图3-70所示。在左侧列表框中单击"缩进和间距"选项，在"对齐方式"下拉列表框中选择"双齐末行齐左"选项，设置段前距为"8mm"，段后距为"6mm"，如图3-71所示。设置字符颜色为（C35，M100，Y98，K0），完成设置后，单击"确定"按钮即可。

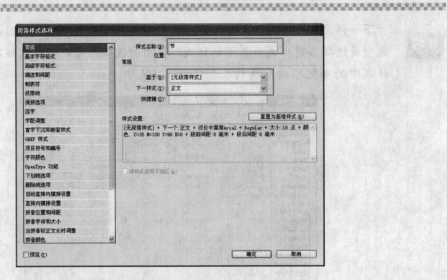

图3-69 设置"节"样式常规选项

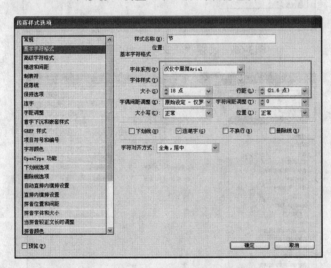

图3-70 设置"节"样式字符格式

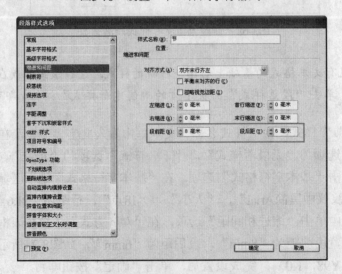

图3-71 设置"节"样式段落参数

（6）设置"小节"样式：在"样式名称"文本框中输入文字"小节"，在"常规"选项区域中设置"基于"选项为"无段落样式"，"下一样式"选项为"正文"，如图3-72所示。在左侧列表框中单击"基本字符格式"选项，在"基本字符格式"选项区域中设置"字体系列"为复合字体"汉仪中等线简Arial"，"大小"为"12点"，行距为"14.4点"，如图3-73所示。在左侧列表框中单击"缩进和间距"选项，在"对齐方式"下拉列表框中选择"双齐末行齐左"选项，设置段前距为"4mm"，段后距为"4mm"，如图3-74所示。设置字符颜色为（C35，M100，Y98，K0），完成设置后，单击"确定"按钮即可。

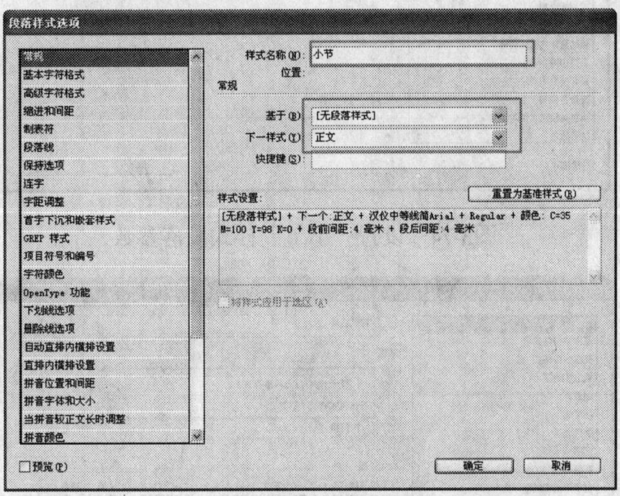

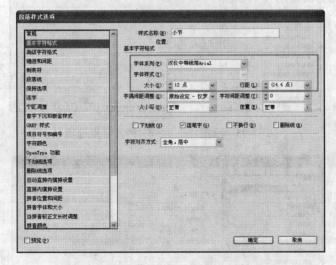

图3-72 设置"小节"样式常规选项

图3-73 设置"小节"样式字符格式

（7）设置"小小节"样式：在"样式名称"文本框中输入文字"小小节"，在"常规"选项区域中设置"基于"选项为"无段落样式"，"下一样式"选项为"正文"，如图3-75所示。在左侧列表框中单击"基本字符格式"选项，在"基本字符格式"选项区域中设置"字体系列"为复合字体"汉仪中等线简Arial"，"大小"为"11点"，行距为"13.2点"，如图3-76所示。在左侧列表框中单击"缩进和间距"选项，在"对齐方式"下拉列表框中选择"双齐末行齐左"选项，设置段前距为"2mm"，段后距为"2mm"，如图3-77所示。设置字符颜色为（C35，M100，Y98，K0），完成设置后，单击"确定"按钮即可。

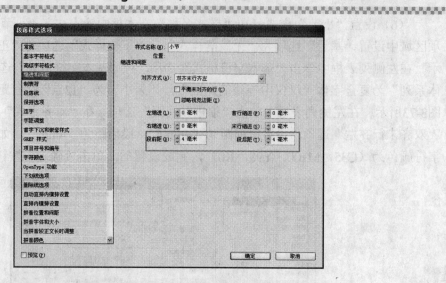

图3-74 设置"小节"样式段落参数

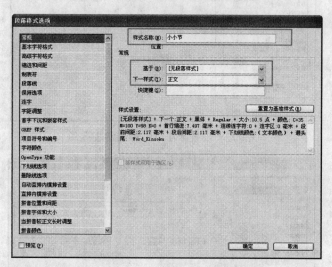

图3-75 设置"小小节"样式常规选项

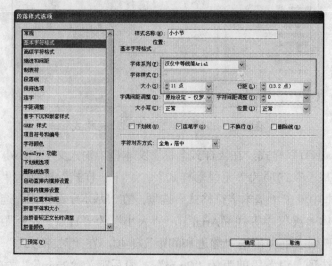

图3-76 设置"小小节"样式字符格式

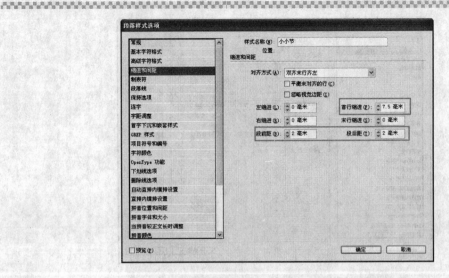

图3-77 设置"小小节"样式段落参数

（8）设置"图题"样式：在"样式名称"文本框中输入文字"图题"，在"常规"选项区域中设置"基于"选项为"无段落样式"，"下一样式"选项为"正文"，如图3-78所示。在左侧列表框中单击"基本字符格式"选项，在"基本字符格式"选项区域中设置"字体系列"为复合字体"汉仪楷体times"，"大小"为"10点"，行距为"12点"，如图3-79所示。在左侧列表框中单击"缩进和间距"选项，在"对齐方式"下拉列表框中选择"居中"选项，设置段后距为"1mm"，如图3-80所示。设置字符颜色为"黑色"，完成设置后，单击"确定"按钮即可。

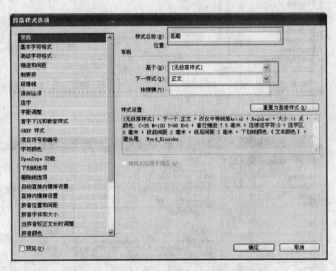

图3-78 设置"图题"样式常规选项

（9）设置"图"样式：在"样式名称"文本框中输入文字"图"，在"常规"选项区域中设置"基于"选项为"无段落样式"，"下一样式"选项为"图题"，如图3-81所示。在左侧列表框中单击"缩进和间距"选项，在"对齐方式"下拉列表框中选择"居中"选项，设置段前距为"3mm"，段后距为"3mm"，如图3-82所示。完成设置后，单击"确定"按钮即可。

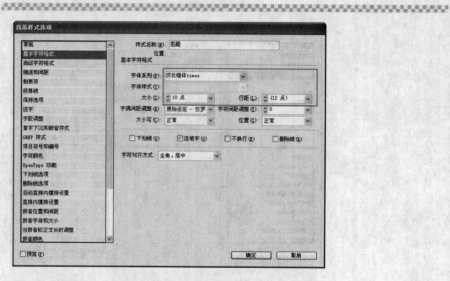

图3-79　设置"图题"样式字符格式

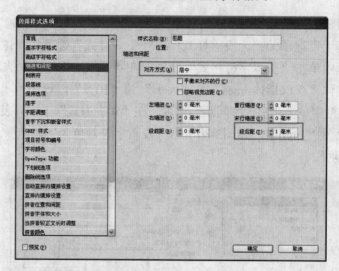

图3-80　设置"图题"样式段落参数

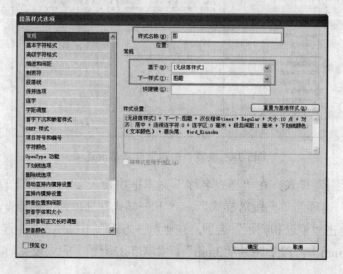

图3-81　设置"图"样式常规选项

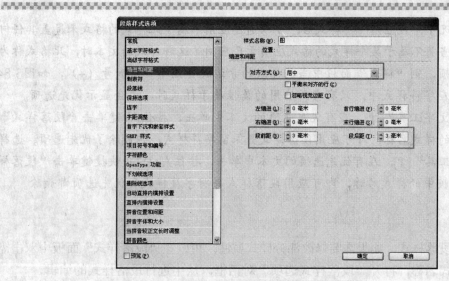

图3-82 设置"图"样式段落参数

2. 应用字符样式

（1）选择"文字工具" [T]，按Ctrl+A快捷键，全选文字，在"段落样式"面板中单击"正文"样式，所有的文字就应用了"正文"样式的文字和段落格式。

（2）选择"文字工具" [T]，在标题段落文本中单击插入光标，在"段落样式"面板中单击"节"样式，标题文字就应用了"节"样式的文字和段落格式。为文字应用不同的样式，效果如图3-83所示。

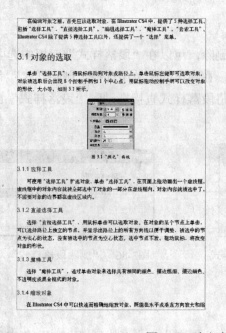
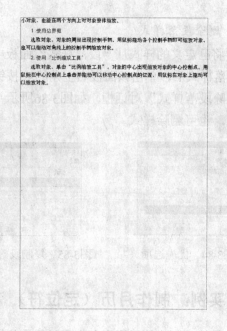

图3-83 为文字应用不同的样式

（3）按Ctrl+Shift+S快捷键，另存为"书籍文字排版2.indd"文件。

默认情况下，在应用一种样式后，可以通过应用不属于此样式的格式来覆盖其任何设置。当将不属于某个样式的格式应用于已应用了这种样式的文本时，此格式称为优先选项，则"样式"面板中当前样式的旁边就会显示一个加号（+），如图3-84所示。在字符样式中，只有当所应用的属性属于样式时，才会显示优先选项。

选择"文字工具"[T]，在有优先选项的文本中单击，按住Alt键单击"段落样式"面板中的样式名称，即可应用段落样式并保留字符样式，但删除了优先选项。选择"文字工具"[T]，在有优先选项的文本中单击，按住Alt+Shift快捷键单击"段落样式"面板中的样式名称，即可应用段落样式并将字符样式和优先选项都删除。

3. 编辑段落样式

对于已有的段落样式，如果需要修改部分样式属性，可以在"段落样式"面板中双击需要编辑的段落样式名称，打开"段落样式选项"对话框，从中进行段落样式的编辑。

4. 复制段落样式

将已有的段落样式进行复制后，可以创建已有段落样式的副本，通过对副本中的文字属性进行修改，生成基于已有段落样式的新的段落样式。

在"段落样式"面板中，选中需要复制的段落样式后，单击面板右上角的≡按钮，在弹出的菜单中选择"直接复制样式"命令，打开"直接复制段落样式"对话框。用户根据实际的需要完成逐项的设置后，单击"确定"按钮，这时在"段落样式"面板中，就可以看到复制的段落样式。将段落样式直接拖动到"创建新样式"按钮上，也可复制样式，如图3-85所示。

5. 删除段落样式

要将已定义的样式从"段落样式"面板中删除，可以在"段落样式"面板中选中需要删除的段落样式后，单击该面板右上角的≡按钮，在弹出的菜单中选择"删除样式"命令，打开"删除段落样式"对话框，如图3-86所示。将段落样式直接拖动到"段落样式"面板的按钮上，也可删除样式。

图3-84　优先选项

图3-85　复制段落样式

图3-86　"删除段落样式"对话框

3.5　实例：制作月历（定位符）

定位符（制表符）用来在文本对象中的特定位置定位文本。执行"文字"|"定位符"命令，或按Ctrl+Shift+T快捷键，打开"制表符"面板，如图3-87所示。使用该面板可以设置缩进和定位符。

图3-87 "制表符"面板

下面将以本节的"月历"为例，详细讲解使用"制表符"面板设置定位符和缩进，效果如图3-88所示。

1. 设置定位符

（1）打开本书配套素材\Chapter-03\ "个性月历1.indd" 文件，如图3-89所示。

图3-88 "月历"效果图

图3-89 底图图像

（2）选择"文字工具" [T]，键入日历段落文本，如图3-90所示。设置字体、字号和颜色，调整行距，如图3-91所示。

图3-90 键入日历文字

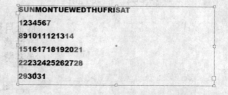

图3-91 设置文字格式

（3）将文字光标置入段落文本中，按Ctrl+A全选文字，按Ctrl+Shift+T快捷键，打开"制表符"面板，选择"居中对齐制表符" [↓]，在标尺上单击添加第1个定位符，在"X"参数栏中输入"5mm"， 在标尺上单击添加第2个定位符，在"X"参数栏中输入"25mm"，如图3-92所示。

图3-92 设置居中对齐制表符

（4）单击"定位符"面板右上方的 按钮，在弹出的菜单中选择"重复制表符"命令，效果如图3-93所示。

图3-93   重复制表符

（5）将文字光标插入段落文本块中，在每个日期和星期左侧插入1个Tab键，如图3-94所示。按Ctrl+S快捷键，将文件保存。

2. 编辑定位符

• 移动定位符：在定位标尺上单击选取一个已有的定位符，在标尺上直接拖动到新位置或在"X"参数栏中输入需要的数值，即可移动定位符位置。

• 删除定位符：在定位标尺上单击选取一个已有的定位符，直接将定位符拖离标尺，可删除选取的定位符。在"定位符"面板的弹出菜单中选择"清除全部"命令，恢复为默认的定位符。

• 重复定位符：在定位标尺上单击选取一个已有的定位符，在"定位符"面板的弹出菜单中选择"重复定位符"命令，在定位标尺上重复选取的定位符设置。

• 更改定位符对齐方式：在定位标尺上单击选取一个已有的定位符，单击标尺上方的定位符对齐按钮，更改定位符的对齐方式，如图3-95所示为小数点对齐效果，如图3-96所示为右对齐效果。

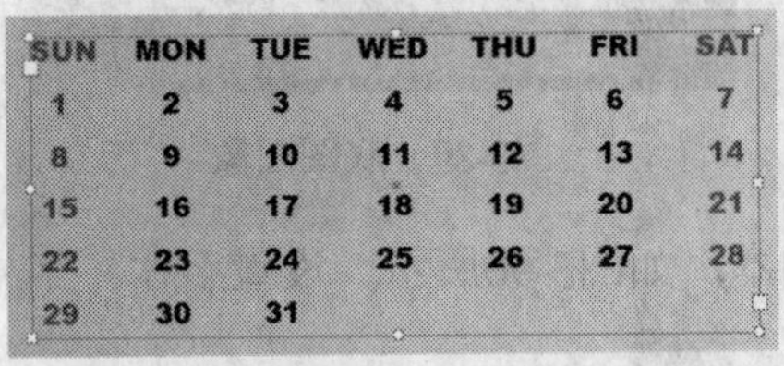

图3-94   插入Tab键

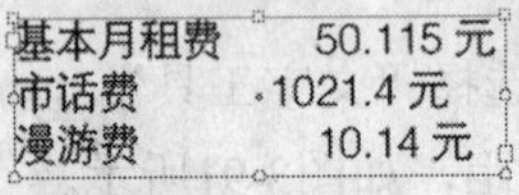

图3-95   小数点对齐

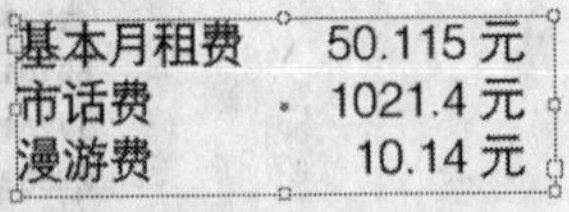

图3-96   右对齐

• 添加前导符：在定位标尺上单击选取一个已有的定位符，在"定位符"面板上方的"前导符"文本框中输入需要的字符，按Enter键确认。如图3-97所示为目录添加前导符效果。

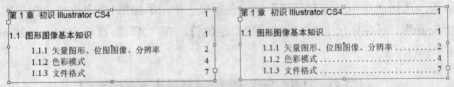

图3-97   制作目录

• 设置缩进：选择"文字工具" ，选中所要设置的段落，按Ctrl+Shift+T快捷键，打开"定位符"面板，拖动标尺中的缩进标记 和 ，可设置首行缩进、左缩进、右缩进、悬浮缩进，如图3-98所示。

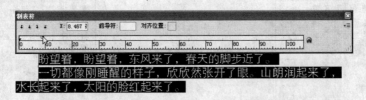

图3-98 设置缩进后的效果

3.6 实例：单页编排（设置文本绕排）

在InDesign CS4中可以将文本绕排在任何对象周围，包括文本框、导入的图像，以及绘制的对象。向对象应用文本绕排时，InDesign CS4会自动在对象周围创建一个阻止文本进入的边界。文本所围绕的对象称为绕排对象。

下面将以本节的"单页编排"为例，详细讲解文本绕排的设置，效果如图3-99所示。

（1）打开本书配套素材\Chapter-03\"单页编排1.indd"文件，如图3-100所示。

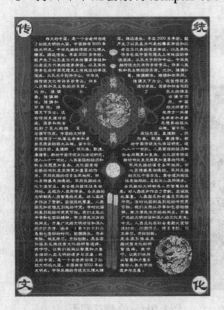

图3-99 单页效果图

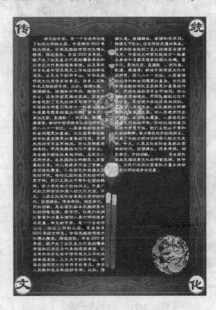

图3-100 打开文件

（2）选择"选择工具" ，选取图像；执行"窗口"|"文本绕排"命令，打开"文本绕排"面板，如图3-101所示。

（3）在"文本绕排"面板中单击"沿对象形状绕排"按钮，在"类型"选项中选择"与剪切路径相同"命令，如图3-102所示，将根据置入图像的剪切路径作为文本绕排边界，绕排效果如图3-103所示。

· 在"类型"选项中选择"定界框"命令，文本按该图形的高和宽构成的矩形绕排。

· 在"类型"选项中选择"检测边缘"命令，自动边缘检测生成文本绕排。勾选"包含内边缘"复选框，使文本显示在导入的图形的内边缘。

· 在"类型"选项中选择"Alpha通道"命令，将根据随图像一起保存的Alpha通道生成文本绕排边界。若保存多个通道，则从"Alpha"选项中选取要使用的通道。

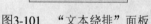

图3-101　"文本绕排"面板　　　　　　　　　　　图3-102　沿对象形状绕排

·在"类型"选项中选择"Photohop路径"命令，将根据随图像一起保存的路径生成文本绕排边界。若保存了多个路径，在"路径"选项中选取要使用的路径。

·在"类型"选项中选择"图形框架"命令，将根据容器框架构建文本绕排边界。

·在"类型"选项中选择"与剪切路径相同"命令，将根据导入图像的剪切路径作为文本绕排边界。

（4）选择"椭圆工具" ，按住Shift键绘制一个正圆形，如图3-104所示。

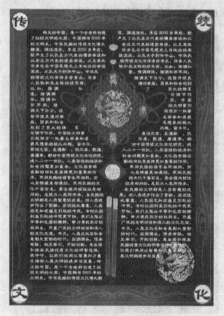

图3-103　绕排效果　　　　　　　　　　　　图3-104　绘制正圆形

（5）选择"选择工具" ，选取正圆形；在"文本绕排"面板中单击"沿对象形状绕排"按钮 ，绕排效果如图3-105所示。

（6）选择"直接选择工具" 选取正圆形，单击选取需要的锚点，将其拖动到需要的位置，改变文本绕排的形状，效果如图3-106所示。使用"钢笔工具" 编辑路径，也可改变文本绕排的形状。

（7）设置正圆描边色为无，另存为"单页编排2.indd"文件。

所有的文本绕排方式都在"文本绕排"面板中进行设置。在绕排位移数参数栏中输入正值，绕排将远离边缘；若输入负值，绕排边界将位于框边缘内部。

·无文本绕排：默认状态下，文本与图形、图像之间的绕排方式为"无文本绕排"。如果需要将其他绕排方式更改为"无文本绕排"，那么在"文本绕排"面板中单击"无文本绕排"按钮▣即可，效果如图3-107所示。

图3-105 文本绕排效果

图3-106 改变文本绕排的形状

· 沿定界框绕排：沿定界框绕排时，不论页面中的图像是什么形状，都使用该对象的外接矩形框来进行绕排操作。选中图像后，在"文本绕排"面板中单击"沿定界框绕排"按钮▣来进行沿定界框绕排，页面效果如图3-108所示。

图3-107 无文本绕排

图3-108 沿定界框绕排

· 沿对象形状绕排：当在文本中插入了不规则的图形或图像以后，如果要使文本能够围绕不规则的外形进行绕排，可以在选中图像后，在"文本绕排"面板中单击"沿对象形状绕排"按钮▣来使文本围绕对象形状进行绕排，执行后的页面效果如图3-109所示。

· 上下型绕排：上下型绕排指的是文字只出现在图像的上下两侧，在图像的左右两边均不排文。选中图像后，在"文本绕排"面板中单击"上下型绕排"按钮▣进行上下型绕排，应用后页面效果如图3-110所示。

· 下型绕排：选中图像后，在"文本绕排"面板中单击"下型绕排"按钮▼进行下型绕排，则文本遇到选中图像时会跳转到下一栏进行排文，即在本栏的该图像下方不再排文，应用后页面效果如图3-111所示。

· 反转绕排：选中图像后，在"文本绕排"面板中，勾选"反转"复选框，应用反转的文本绕排到一个对象，使文本排到绕排区域的内部，如图3-112所示，反转通常配合对象形状选项一起使用。

图3-109　沿对象形状绕排

图3-110　上下形绕排

图3-111　下型绕排

图3-112　反转绕排

 在绕排选项下的"绕排至"下拉列表框中可以选择绕排至右侧、左侧、右侧和左侧、
朝向书籍侧、背向书籍侧及最大区域。

3.7　标点挤压设置

用户在对双字节汉字的编排过程中，时常会对标点进行挤压设置，以调整汉字、拉丁字
母、数字、标点符号和其他特殊符号在段落行首、行中及行尾的间距，从而使文档版面更加
整齐美观。

InDesign中文挤压模板提供了以下3种适用于横排的标点挤压集。

·开明式：在段落中，句末点号（句号、叹号、问号）采用全角，句中点号（逗号、顿
号、分号、冒号）及部分标号（引号、括号、书名号）等采用半角。

·全角式：在段落中，除了两个相连的标点在一起时，前一标点采用半角外，所有标点
符号（除破折号、省略号等）在行中和行尾都采用全角。

·全角式+行尾半角：在全角式的基础上，排在每行行尾的标点都采用半角，以使版口
的文字看起来更为整齐。

1. 标点挤压预设

在"段落"面板"标点挤压设置"下拉列表中含有16种主要针对日文的挤压预设。为了
以后选择方便，我们可以对其仅保留所需的标点挤压预设。

执行"编辑"|"首选项"|"标点挤压选项"命令，可打开"首选项"对话框，如图3-113

所示，勾选想要在"标点挤压设置"下拉列表中显示的项，单击"确定"按钮，即可在"段落"面板中显示相应的标点挤压集，如图3-114所示。

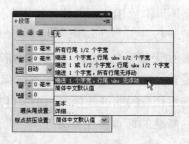

图3-113 "首选项"对话框 图3-114 显示标点挤压预设

2. 应用标点挤压集

如果要应用标点挤压集，首先应选择目标段落或单击文本框，然后从"段落"面板的"标点挤压设置"下拉列表中选择一个集即可。如果要取消标点挤压设置，直接选取"标点挤压设置"下拉列表中的"无"选项即可。

3. 新建标点挤压集

新建标点挤压集时，首先在"段落"面板的"标点挤压设置"下拉列表中选择"基本"或"详细"选项，打开"标点挤压设置"对话框。另外，执行"文字"|"标点挤压设置"|"基本/详细"菜单命令，也可打开该对话框，如图3-115所示。

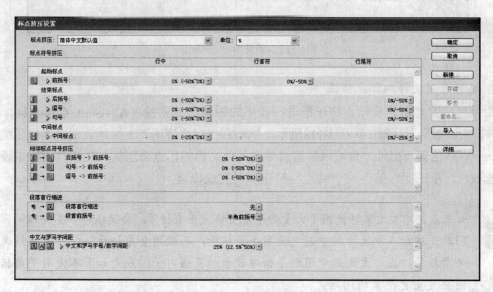

图3-115 "标点挤压设置"对话框

在该对话框中单击"新建"按钮,打开"新建标点挤压集"对话框,输入该标点挤压集的名称,并指定作为新集基准的当前集,如图3-116所示,单击"确定"按钮,即可建立新集。

图3-116 "新建标点挤压集"对话框

在新建的"标点挤压设置"对话框"单位"下拉列表框中选择所需单位。单击"标点符号挤压"、"相邻标点符号挤压"、"段落首行缩进"或"中文与罗马字间距"各部分项目,设置"行首"、"行尾"或"行中"的间距值或挤压范围。

如果项目名称的右侧有三角形按钮,则表示可以针对其中每个字符定义更详细的标点挤压设置。比如,单击"段落首行缩进"项目下的"段落首行缩进"项右侧的三角形按钮,即可选取相应的缩进选项,如图3-117所示。设置完成后,单击"存储"或"确定"按钮,即可存储新建的标点挤压集。

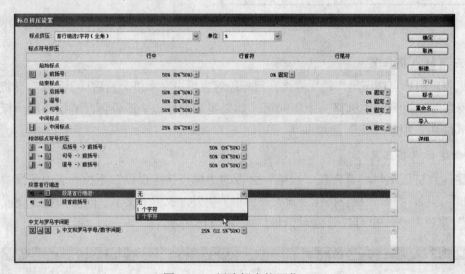

图3-117 新建标点挤压集

4. 编辑自定义详细标点挤压

如果用户要对自定义标点挤压集进行详细的编辑,首先按下Alt+Shift+Ctrl+X键,打开"标点挤压设置"对话框,如图3-118所示,然后在"标点挤压"下拉列表框中选择要编辑的自定义标点挤压集,另外,也可以新建或导入其他文档的标点挤压集。在该对话框中设置相关的选项后,单击"存储"或"确定"按钮即可完成设置。

 如果在排中文文本时使用了大量的半角空格或半角括号,会造成许多要处理的问题。因此,建议在中文排版中避免使用半角括号,而改用全角括号。仅在以下情况使用半角括号:在中文文本中用到了相对较长的英语句子;或是如果不使用半角括号,则会发生更严重的问题。

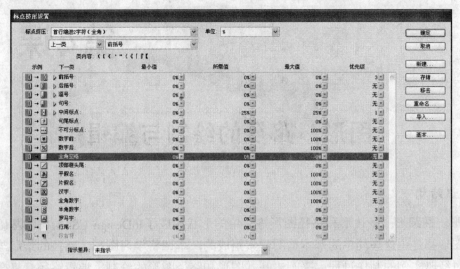

图3-118 "标点挤压设置"对话框

课后练习

1. 设计制作菜谱,效果如图3-119所示。

要求:

(1) 设置文本和段落格式。

(2) 设置字符样式。

2. 设计杂志版式,效果如图3-120所示。

图3-119 菜谱效果图

图3-120 杂志版式效果图

要求:

(1) 设置复合字体。

(2) 设置段落样式。

(3) 文本绕排。

图形、路径的绘制与编辑

本课知识结构

　　矩形、椭圆形、多边形和路径图形等简单的形状构成了InDesign CS4绘图的基础，任何复杂的图形都是由这些简单的基本构图元素组成的，本课将学习图形、路径的绘制与编辑，具体通过经典实例的制作过程，来阐述基本图形和路径图形的绘制、编辑路径、复合路径和复合形状等理论知识，为绘制更复杂的图形做好准备。通过本课的学习，可以熟练掌握绘制和编辑图形的方法和技巧。

就业达标要求

　　☆ 绘制基本图形　　　　　　　　☆ 绘制路径图形

　　☆ 编辑路径　　　　　　　　　　☆ 创建复合路径和复合形状

4.1　实例："星夜"插画图案（绘制基本图形）

　　在InDesign CS4中，"矩形工具" 　是用来绘制矩形或正方形的，"椭圆工具" 　是用来绘制椭圆形或圆形的，"多边形工具" 　是用来绘制任意边数、不同形状的多边形和星形图形的。

　　下面将以本节即将绘制的"星夜"插画图案为例，详细讲解基本图形的绘制。制作完成的插画图案效果如图4-1所示。

图4-1　"星夜"插画效果图

1. 矩形和正方形

　　选择"矩形工具" 　，可以直接在工作页面上拖动鼠标绘制想要的矩形，如图4-2所示。要绘制精确尺寸的矩形，选择"矩形工具" 　，在页面中单击鼠标左键，打开如图4-3所示的

"矩形"对话框，在"宽度"和"高度"参数栏中输入数值，可以按照定义的大小绘制矩形图形。

在绘制矩形的过程中按住Shift键，可以绘制正方形；按住Alt+Shift组合键，可以绘制以起点为中心的正方形。

2. 椭圆形和圆形

选择"椭圆工具" ，可以直接在工作页面上拖动鼠标绘制想要的椭圆形。选择"椭圆工具"，按住Shift键，绘制一个正圆形。为正圆形设置填充颜色和描边色，在控制面板中设置描边宽度为37点，效果如图4-4所示。要绘制精确的椭圆形，选择"椭圆工具"，在页面中单击鼠标左键，打开如图4-5所示的"椭圆"对话框，在"宽度"和"高度"参数栏中输入数值，按照定义的大小绘制椭圆形。

图4-2　绘制矩形　　　　　图4-3　"矩形"对话框　　　　　图4-4　绘制正圆

在绘制椭圆形的过程中按住Shift键，可以绘制正圆形；按住Alt+Shift组合键，可以绘制以起点为中心的正圆形。

3. 多边形和星形

（1）选择"多边形工具" ，可以直接在工作页面上拖动鼠标绘制想要的多边形，如图4-6所示。默认的边数值为6，按住Shift键，可以绘制一个正多边形。选择"多边形工具" ，在页面中单击鼠标左键，打开如图4-7所示的"多边形"对话框，在"多边形宽度"和"多边形高度"参数栏中输入数值，按照定义的大小绘制多边形，在"边数"参数栏中设置多边形边数，设置"星形内陷"选项为0。"多边形"对话框中边数的最小值为3，即正三角形。

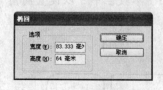

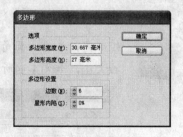

图4-5　"椭圆"对话框　　　　　图4-6　绘制多边形　　　　　图4-7　"多边形"对话框

（2）在"多边形"对话框的"星形内陷"参数栏中设置多边形尖角的锐化程度，如图4-8所示，单击"确定"按钮，即可在页面中绘制需要的星形，如图4-9所示。

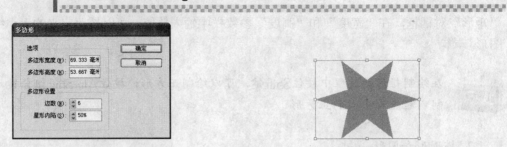

图4-8　设置星形内陷　　　　　　　　　　图4-9　绘制星形

（3）选择"矩形工具" ■绘制矩形；使用"椭圆工具" ◎绘制椭圆形和圆形；使用"多边形工具" ◎绘制三角形；使用"多边形工具" ◎绘制一些不同边数和锐度的星形；图形组合效果如图4-10所示。

（4）为图形填充颜色，设置描边色为无，效果如图4-11所示。

图4-10　图形组合效果　　　　　　　　图4-11　为图形填充颜色

4. 基本图形角的变形

选择"选择工具" ▶，选取绘制的矩形，执行"对象"｜"角选项"命令，打开"角选项"对话框，如图4-12所示；在"效果"选项中分别选取需要的矩形角效果，效果如图4-13所示。

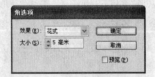

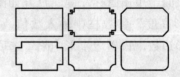

图4-12　"角选项"对话框　　　　　　　图4-13　矩形角的变形

技巧　矩形角效果为"圆角"时，得到的是圆角矩形，在"大小"参数栏中可以设置圆角的大小，如图4-14所示；不同的矩形圆角大小效果如图4-15所示。

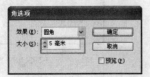

图4-14　"角选项"对话框　　　　　　　图4-15　设置矩形圆角大小

选择"选择工具" ▶，选取绘制好的多边形，执行"对象"｜"角选项"命令，打开"角选项"对话框，在"效果"选项中分别选取需要的角效果，效果如图4-16所示。

选择"选择工具"，选取绘制好的星形，执行"对象"|"角选项"命令，打开"角选项"对话框，在"效果"选项中分别选取需要的角效果，效果如图4-17所示。

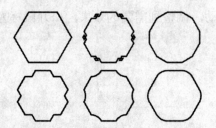

图4-16 多边形角的变形

图4-17 星形角的变形

对椭圆形和圆形应用角效果不会有任何变化，因为它们没有拐点。

5. 形状之间的转换

选择"选择工具"，选取需要转换的图形，执行"对象"|"转换形状"命令，分别选择弹出子菜单中的命令，包括"矩形"、"圆角矩形"、"斜角矩形"、"反向圆角矩形"、"椭圆"、"三角形"、"多边形"、"线条"和"正交直线"。

选择"选择工具"，选取需要转换的图形，执行"窗口"|"对象和版面"|"路径查找器"命令，打开"路径查找器"面板，如图4-18所示，单击"转换形状"选项组中的按钮，可在各种形状之间相互转换。

图4-18 "路径查找器"面板

4.2 实例：绿叶（绘制路径图形）

路径在图形绘制过程中应用得非常广泛，特别是在特殊图形的绘制方面，路径具有较强的灵活性和编辑修改性，如图4-19所示。

路径是由两个或多个锚点组成的矢量线条，在两个锚点之间组成一条线段，在一条路径中可能包含若干条直线线段和曲线线段，通过调整路径中锚点的位置及调节手柄的方向和控制线长度可以调整路径的形态，利用路径工具可以绘制出任意形态的曲线或图形，如图4-20所示为路径构成说明图。

图4-19 路径图形

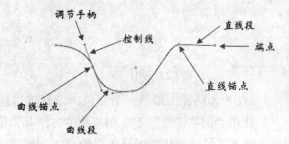

图4-20 路径的构成

下面将以本节即将绘制的"绿叶"图形为例，详细讲解路径图形的绘制。绘制完成的"绿叶"图形效果如图4-21所示。

1. 钢笔工具

（1）选择"钢笔工具" ，单击以确定曲线的起点。

将鼠标移到第2个点上单击并按住鼠标左键拖动，调整到需要的效果，松开鼠标左键，如图4-22所示。

图4-21　"绿叶"图形效果　　　　　　　图4-22　绘制平滑路径

（2）将鼠标移到第3个点上单击并按住鼠标左键拖动，调整到需要的效果，松开鼠标左键，如图4-23所示。

（3）按下Alt键，单击第3个点，进行锚点的转换，如图4-24所示。

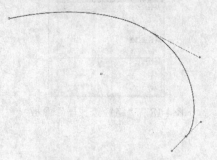

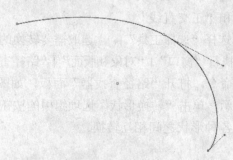

图4-23　绘制连续路径　　　　　　　　图4-24　绘制拐角路径

（4）将鼠标放到起始点上，光标的右下角会显示小圆圈标志，拖动鼠标，将曲线调整到需要的形状，释放鼠标，得到闭合的曲线，如图4-25所示。

（5）使用相同的方法继续创建锚点即可得到其他路径，如图4-26所示。

图4-25　闭合路径　　　　　　　　　　图4-26　绘制其他路径

（6）为路径图形填充渐变色，设置描边色为无，效果如图4-27所示。

使用"钢笔工具" 绘制直线的方法非常简单，只要使用"钢笔工具"在起点和终点处单击就可以了，按住Shift键可以绘制水平或垂直的直线路径，如图4-28所示。

使用"钢笔工具" 绘制曲线是一项较为重要的操作，单击后释放鼠标，得到的是直线型的锚点；单击并拖动后释放得到的是平滑型锚点；如图4-29所示。调节手柄的长度和方向都可以影响两个锚点间曲线的弯曲程度。

图4-27　为路径填充渐变色

图4-28　使用钢笔工具绘制直线和折线

使用"钢笔工具" 在页面中可以创建两种形态的路径，分别为闭合路径和开放路径，如图4-30所示。闭合路径一般用于图形和形状的绘制，开放路径用于曲线和线段的绘制。再次单击"钢笔工具" ，或者单击其他工具，可以终止当前路径的绘制。

图4-29　绘制直线和曲线混合路径

图4-30　闭合路径与开放路径

2. 直线工具

选择"直线工具" 后可以直接在工作页面上拖动鼠标绘制想要的直线。在绘制直线的过程中按住Shift键，可约束绘制直线的角度为45°的倍数。

3. 铅笔工具

"铅笔工具" 可用于绘制开放路径和闭合路径，就像用铅笔在纸上绘图一样，这对于快速素描或创建手绘外观最有用，也可以编辑路径。选择"铅笔工具" 创建路径时不能设置锚点的位置及方向线，可以在绘制完成后再做修改。

选择"铅笔工具" 后，当指针在页面中变为 形状时，拖动指针就会出现虚线轨迹；释放鼠标后，虚线轨迹便 形成完整的路径并且处于选中的状态，如图4-31所示。

如果需要绘制一条封闭的路径，选中"铅笔工具"后，在绘制开始以后就一直按住Alt键，直至绘制完毕。

使用"铅笔工具" 还可以将两条独立的路径进行合并。选择"直接选择工具" ，同时选中两条独立的路径；选择"铅笔工具" ，将指针放置在其中一条路径的端点，指针变为 形状；拖动鼠标开始向另一条路径的某个端点绘制连接路径，同时按住Ctrl键，此时指针变为 形状；当指针与另一条路径的端点重合后，释放鼠标键和Ctrl键即可合并两条独立的路径，如图4-32所示。

图4-31　使用"铅笔工具"绘制的路径

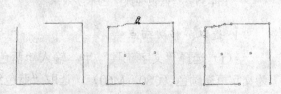

图4-32　合并两条独立的路径

4. 平滑工具

"平滑工具" ✐可以移去现有路径或某一部分路径中的多余尖角，它最大程度地保留了路径的原始形状，平滑后的路径通常具有较少的点。选择"直接选择工具" , 选取要进行平滑处理的路径，选择"平滑工具" ✐, 沿着要平滑的路径反复拖动，直到达到满意的平滑度为止。平滑后路径上的锚点数量明显减少，平滑度明显提高，如图4-33所示。

图4-33 使用"平滑工具"修饰曲线

 如果当前的工具是"铅笔工具" ✐, 要实现"平滑工具" ✐的功能，可以在修饰路径时按下Alt键。

5. 抹除工具

"抹除工具" ✐用于修改曲线。选择"抹除工具" ✐后，指针变为 ✐ 形状，将指针在已选中路径上拖动即可删除当前路径的一部分，效果如图4-34所示。

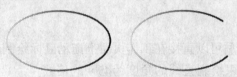

图4-34 使用"抹除工具"修改路径

4.3 实例："蓝色经典"艺术字和"苹果"图形（编辑路径）

钢笔工具组是InDesign CS4软件系统中最基本和最重要的一组矢量绘图工具，用"钢笔工具" 可以绘制直线、曲线和任意形状的图形，绘制路径时往往不可能一步到位，经常要调节锚点的数量，这就需要用到"添加锚点工具" 、"删除锚点工具" 和"转换方向点工具" 。

下面将以本节的"蓝色经典"艺术字和"苹果"图形为例，详细讲解路径图形的编辑方法和技巧。"蓝色经典"艺术字效果如图4-35所示。"苹果"图形效果如图4-36所示。

图4-35 "蓝色经典"艺术字效果   图4-36 "苹果"图形

1. 选取、移动锚点

（1）选择"文字工具" , 输入"蓝色经典"文字；设置字体为"方正综艺简体"，为文字填充颜色（C80，M60）；选取"蓝色经典"文字，在控制面板或"字符"面板的"倾斜"微调框 中输入角度值，使文字倾斜，如图4-37所示。

（2）选取"蓝色经典"文字，按Ctrl+Shift+O组合键，将文字转为路径。选择"直接选择工具"，按住Shift键，单击选中"经"文字上的部分锚点，如图4-38所示；按Delete键删除选中的锚点，效果如图4-39所示。

图4-37 设置文字格式

图4-38 选取锚点

图4-39 删除锚点

（3）选择"直接选择工具"，按住Shift键，单击选中"色"文字上的两个锚点，如图4-40所示；按住Shift键，按住鼠标左键并拖动，向右移动锚点，效果如图4-41所示。

图4-40 选取锚点

图4-41 移动锚点

（4）使用相同的方法，选中并删除"经"文字上的锚点，如图4-42所示；选中并移动"典"文字上的两个锚点；效果如图4-43所示。

图4-42 选取并删除锚点

图4-43 选取并移动锚点

技巧　选择"直接选择工具"，按住Shift键，单击需要的锚点，可选取多个锚点。选择"直接选择工具"，在绘图页面中路径图形的外围按住鼠标左键，拖动鼠标圈住多个或全部锚点，被圈住的锚点将被全部选取，如图4-44所示，被选中的锚点为实心的状态，没有被选中的锚点为空心状态。

2. 增加、删除、转换锚点

（1）选择"椭圆工具"，绘制一个椭圆形。选择"直接选择工具"，选取椭圆形，选取"添加锚点工具"或"钢笔工具"，在椭圆上要增加锚点的位置单击，增加一个锚点；在椭圆上单击增加另一个锚点，与第一个锚点对称，如图4-45所示。

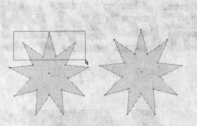

图4-44 圈选锚点

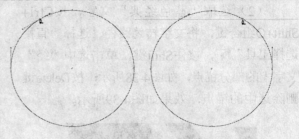

图4-45 增加锚点

（2）选择"直接选择工具"，单击选中顶端节点，并按住鼠标左键拖动鼠标，向正下方移动锚点，如图4-46所示。

（3）选择"直接选择工具"，按住Shift键，单击选中增加的两个节点，并按住鼠标左键拖动鼠标，向正下方移动两个节点，如图4-47所示。

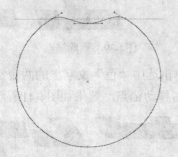

图4-46 选取并移动锚点

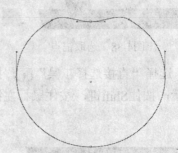

图4-47 移动锚点

（4）选择"直接选择工具"，选中并拖动左边节点上的调节手柄；选中并拖动右边节点上的调节手柄，如图4-48所示。

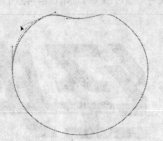

图4-48 调节锚点

（5）参照上述方法，增加两个节点；向正上方移动底部节点；拖动节点上的调节手柄来调整图形，效果如图4-49所示。

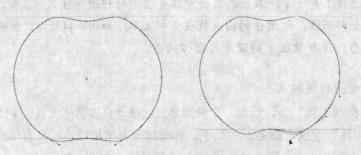

图4-49 调节锚点

（6）选择"椭圆工具" ，绘制一个椭圆形；选择"直接选择工具" ，选取椭圆，选择"转换方向点工具" ，分别在左侧和右侧锚点上单击，将曲线锚点转换为直线锚点；在控制面板"旋转"微调框 中输入角度值，使路径图形旋转，如图4-50所示。

提示 按住Alt键可以从"钢笔工具" 切换到"转换方向点工具" 。按住Ctrl键可从"钢笔工具" 切换到"直接选择工具" 。

（7）为两个路径图形填充绿色，设置描边色为无，效果如图4-51所示。

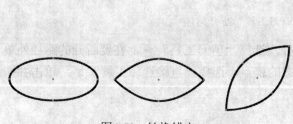

图4-50 转换锚点

图4-51 为路径图形填充颜色

3. 连接、断开路径

选择"钢笔工具" ，将光标置于一条开放路径的端点上，当光标变为图标 时，单击端点，在新位置单击，绘制出连接路径，如图4-52所示。

图4-52 连接路径

选择"钢笔工具" ，将光标置于一条路径的端点上，当光标变为图标 时，单击端点，再将光标置于另一条路径的端点上，当光标变为图标 ，单击端点即可将两条路径连接，如图4-53所示。

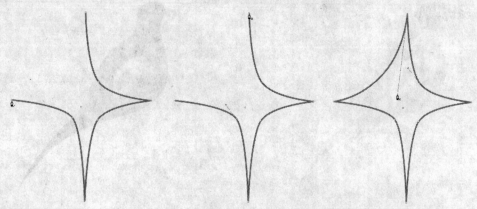

图4-53 使用"钢笔工具"连接路径

选择"直接选择工具"⬚，选取要断开路径的锚点，选择"剪刀工具"✂，在锚点处单击，可将路径剪开；选择"直接选择工具"⬚，单击并拖动断开的锚点，如图4-54所示。

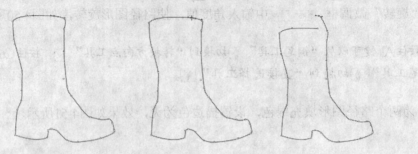

图4-54 使用"剪刀工具"断开路径

选择"选择工具"▸，选取要断开的路径，选择"剪刀工具"✂，在要断开的路径处单击，可将路径剪开，单击处将生成呈选中状态的锚点；选择"直接选择工具"⬚，单击并拖动断开的锚点，如图4-55所示。

图4-55 断开路径

4.4 复合路径（"春鸟"插画）

复合路径是指将两条或两条以上的封闭或开放路径合并为一条路径。创建复合路径时，所有最初选定的路径都将成为复合路径的子路径，并且复合路径的描边和填色会使用排列顺序中最底层对象的描边和填色。

下面将以本节的"春鸟"插画为例，详细讲解复合路径的创建和应用。"春鸟"插画效果如图4-56所示。

1. 创建复合路径

（1）打开本书配套素材\Chapter-04\"春鸟1.indd"文件，如图4-57所示。

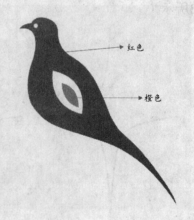

图4-56 "春鸟"插画效果图   图4-57 打开文件

（2）选择"选择工具" ，选中所有要包含在复合路径中的路径，如图4-58所示，执行"对象" | "路径" | "建立复合路径"命令，或按Ctrl+8组合键，建立路径对象的复合路径，上层的路径对象改变了属性，沿用最底层对象的属性，重叠部分被镂空。

（3）改变底层对象的颜色，效果如图4-59所示。

图4-58　选取路径

图4-59　创建复合路径

2. 拆分复合路径

可以通过释放复合路径（将它的每个子路径转换为独立的路径）来分解复合路径。选择"选择工具" 并选中要拆分的复合路径，执行"对象" | "路径" | "释放复合路径"命令，或按Ctrl+Shift+Alt+8组合键，完成复合路径的拆分。所有子路径的描边和填色属性，仍然使用叠放在最底层的子路径的描边和填色，不会恢复到复合之前的属性，如图4-60所示。

图4-60　分解复合路径

3. 反转子路径

选择"直接选择工具" ，选中需要反转方向的子路径中的锚点（不要选中整个复合路径），执行"对象" | "路径" | "反转路径"命令，复合路径中被镂空的地方将有所改变，效果如图4-61所示。

图4-61　反转子路径

4.5 实例：创意图形（复合形状）

复合形状是由简单路径或复合路径、文本框、文本外框或其他形状通过添加、减去、交叉、排除重叠或减去后方对象制作而成的。

下面将以本节要绘制的创意图形为例，详细讲解复合形状的应用。绘制的创意图形效果如图4-62所示。

（1）选择"椭圆工具"，按住Shift键绘制一个正圆形；为正圆形设置填充颜色和描边色，在控制面板中设置描边宽度，效果如图4-63所示。

（2）选择"选择工具"选取正圆形，按Ctrl+C组合键进行复制，执行"编辑"｜"原位粘贴"命令，进行原位粘贴。选择"自由变换工具"，按住Shift+Alt键，从中心进行缩放，重新设置小圆描边宽度，填充色为无，效果如图4-64所示。

图4-62 创意图形效果

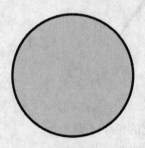
图4-63 绘制圆形

图4-64 从中心缩放图形

（3）选择"直接选择工具"选取小圆，选择"剪刀工具"，在椭圆顶部锚点处单击，再在椭圆底部、左侧、右侧锚点处单击，将路径剪开；选择"选择工具"，选取上部断开的两条路径，按Delete键删除；为左侧路径图形填充白色，如图4-65所示。

（4）选择"选择工具"选取右侧路径图形，按Ctrl+X组合键进行剪切；选择"直接选择工具"选取大圆，选择"剪刀工具"，在椭圆顶部锚点处单击，再在椭圆底部锚点处单击，将路径剪开；为左侧路径图形填充黑色；执行"编辑"｜"原位粘贴"命令，原位粘贴右侧路径图形，效果如图4-66所示。

（5）选择"椭圆工具"，绘制一个椭圆形，选取椭圆形，按住Shift+Alt组合键，垂直向上拖动图形到适当的位置，移动并复制椭圆形，如图4-67所示。选取两个椭圆形，执行"窗口"｜"对象和版面"｜"路径查找器"命令，打开"路径查找器"面板，单击"减去"按钮，效果如图4-68所示。

图4-65 剪切、删除路径

图4-66 剪切路径

图4-67 移动并复制图形

（6）选取修剪后的图形，填充白色，描边色为无；选择"椭圆工具" ⬭，绘制一个椭圆形，填充黑色，描边色为无，效果如图4-69所示。

"路径查找器"面板的"路径查找器"选项区域提供了5种复合形状的操作，如图4-70所示。

图4-68　创建复合形状　　　　图4-69　创意图形　　　　图4-70　"路径查找器"面板

• "相加"按钮：将选中的对象组合成一个形状，相加后图形对象的边框和颜色与最前方的图形对象相同。

• "减去"按钮：从最底层的对象中减去最顶层的对象，相减后的对象保留其填充和描边属性。

• "交叉"按钮：仅保留图形间的交叉区域，相交后的对象保持顶层对象的属性。

• "排除重叠"按钮：除了重叠区域以外的图形组合成一个形状，生成的新对象保持最前方图形对象的属性。

• "减去后方对象"按钮：减去后面图形，并减去前后图形的重叠部分，保留前面图形的剩余部分，生成的新对象保持最前方图形对象的属性。

原图及5种复合形状的效果如图4-71所示。

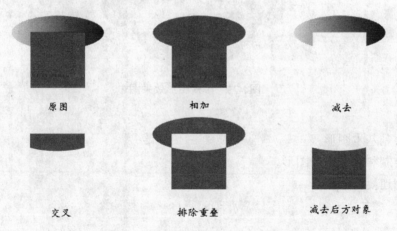

图4-71　原图及5种复合形状的效果

课后练习

1. 绘制魔术帽图形，效果如图4-72所示。

图4-72　魔术帽图形效果图

要求：

（1）绘制基本图形。

（2）创建复合形状。

（3）剪开路径。

2. 绘制小猴图形，效果如图4-73所示。

图4-73　小猴图形效果图

要求：

（1）绘制基本图形。

（2）绘制和编辑路径图形。

（3）创建复合形状。

编辑描边与颜色

本课知识结构

InDesign CS4排版软件能够对出版物中的对象定义不同的颜色，将色彩、渐变、淡印等多种颜色效果应用到文字、图形和路径上。本课就将带领读者学习如何为对象设置描边与颜色，具体通过经典实例的制作过程，来阐述编辑描边、颜色填充、渐变填充、"色板"和"效果"面板的应用等理论知识。希望读者通过本课的学习，可以制作出不同效果的图形描边，了解并掌握各种颜色的填充方式和填充技巧，为出版物添加丰富多彩的页面效果。

就业达标要求

☆ 颜色模式　　　　　　　　　☆ 颜色类型

☆ 编辑描边　　　　　　　　　☆ 颜色和渐变填充

☆ "色板"面板应用

5.1　颜色模式

颜色模式是用来提供一种将颜色翻译成数字数据的方法，从而使颜色能在多种媒体中得到一致的描述。例如，当我们提到一种"蓝绿"色时，对这种色泽的理解在很大程度上取决于个人的感觉，如果我们在一种颜色模式中（例如CMYK模式中）为它指定了一个专有的颜色值：100%的青色、3%的洋红色、30%的黄色及15%的黑色，那么就可以在不同情况下得到同一种颜色。

由于任何一种颜色模式都不能将全部颜色表现出来，而仅仅是根据颜色模式的特点表现某一个色域范围内的颜色，因此不同的颜色模式能表现的颜色范围与颜色种类也是不同的。如果需要表现丰富多彩的图像，应该选用色域范围大的颜色模式，反之应选择色域范围小的颜色模式。

InDesign CS4中提供了RGB、CMYK和Lab色彩模式。最常用的是RGB（红色、绿色、蓝色）模式和CMYK（青色、洋红、黄色、黑色）模式，其中CMYK是默认的色彩模式。不同的色彩模式调配颜色的基本色不尽相同。

1. RGB模式

众所周知，红、绿、蓝常称为光的三原色，绝大多数可视光谱可用红色、绿色和蓝色（RGB）三色光的不同比例和强度混合来产生。在这三种颜色的重叠处产生青色、洋红、黄色和白色。由于RGB颜色合成可以产生白色，因此也称它们为加色模式。加色模式用于光照、视频和显示器。例如，显示器就是通过红色、绿色和蓝色荧光粉发射光产生颜色。RGB图像通过三种颜色或通道，可以在屏幕上重新生成多达1670（256×256×256）万种颜色。

RGB模式为彩色图像中每个像素的RGB分量指定一个0（黑色）到255（白色）之间的强度值。例如，亮红色可能是R值为246，G值为20，而B值为50。当所有这3个分量的值相等时，结果是中性灰色；当所有分量的值均为255时，结果是纯白色；当所有分量的值均为0时，结果是纯黑色。

 所谓原色是指某种颜色体系的基本颜色，即由它们可以合成出成千上万种颜色，而它们却不能由其他颜色合成。

2. CMYK模式

CMYK模式以打印在纸上的油墨的光线吸收特性为基础。当白光照射到半透明油墨上时，色谱中的一部分被吸收，而另一部分被反射回眼睛。理论上，纯青色（C）、洋红（M）和黄色（Y）色素合成，吸收所有颜色并生成黑色，因此这些颜色也称为减色。由于所有打印油墨都包含一些杂质，因此这三种油墨混合实际生成土灰色，为了得到真正的黑色，必须在油墨中加入黑色（K）油墨（为避免与蓝色混淆，黑色用K而非B表示）。将这些油墨混合重现颜色的过程称为四色印刷。减色（CMY）和加色（RGB）是互补色。每对减色产生一种加色，反之亦然。

CMYK模式为每个像素的每种印刷油墨指定一个百分比值。为最亮（高光）颜色指定的印刷油墨颜色百分比较低，而为较暗（暗调）颜色指定的百分比较高。例如，亮红色可能包含2%青色、93%洋红、90%黄色和0%黑色。在CMYK图像中，当4种分量的值均为0%时，就会产生纯白色。

用印刷色打印图像时，应使用CMYK模式。将RGB图像转换为CMYK模式即产生分色。

3. Lab模式

Lab颜色由亮度分量L和a、b两个色度分量组成，其中a分量为从绿到红的渐变，b分量为从蓝到黄的渐变。在InDesign CS4的Lab模式中，亮度分量L的可变范围是0～100，a和b分量的可变范围是-128～+127。

Lab颜色是InDesign CS4在不同颜色模式间转换时使用的中间颜色模式，要将Lab颜色的图像打印到其他彩色PostScript设备，应首先将其转换为CMYK模式。

5.2 颜色类型

颜色类型有专色和印刷色两种，这两种颜色类型与商业印刷中使用的两种主要油墨类型相对应。在"色板"面板中，可以通过颜色名称旁边显示的图标来识别该颜色的颜色类型。印刷色的最终颜色值是CMYK值，若使用RGB或Lab颜色，在分色时，这些颜色值将转换为CMYK值。

1. 专色

专色是一种预先混合的特殊油墨，是CMYK四色印刷油墨之外的另一种油墨，如金、银等特殊色，用于替代CMYK四色印刷油墨，它需要印刷时有专门的印版。当指定的颜色较少而且对颜色的准确性要求较高，或者当印刷过程要求使用专色油墨时，应使用专色，可使颜色更准确。

要使印刷文档呈现最佳效果，需要从印刷商支持的配色系统中指定专色。InDesign CS4包含多个配色系统库。

创建的每个专色都会在印刷时生成一个额外的专色版，从而增加印刷成本，所以应该尽量减少使用专色的数量。

2. 印刷色

印刷色是使用以下4种标准印刷色油墨的组合进行印刷的：青色、洋红色、黄色和黑色（CMYK）。当需要的颜色较多，从而导致使用单独的专色油墨成本很高或者不可行时，需要使用印刷色。

5.3 实例：描边文字（描边编辑）

在填充图形时，经常会对描边进行填充。描边其实就是对象的轮廓线，对描边进行填充时，执行"窗口"|"描边"命令，打开"描边"面板，如图5-1所示。"描边"面板可以设置描边的粗细、形状等。

下面将以本节的"描边文字"为例，详细讲解如何设置描边。描边文字效果如图5-2所示。

图5-1 "描边"面板

图5-2 描边文字效果

1. 设置描边的宽度

（1）打开本书配套素材\Chapter-05\"夏日风情1.indd"文件，如图5-3所示。

图5-3 打开文件

（2）选择"选择工具" 选取图形，按Ctrl+C组合键进行复制，执行"编辑"|"原位粘贴"命令，进行原位粘贴。在控制面板中设置描边宽度 25 点 ，效果如图5-4所示。

2. 设置描边的颜色

（1）选择"选择工具" 选取描边图形，执行"窗口"|"颜色"命令，打开"颜色"

面板；在"颜色"面板中单击"描边"按钮，选取或调配出新颜色（R=228、G=0、B=127），新选的颜色被应用到当前选定图形的描边中，效果如图5-5所示。

图5-4　设置描边宽度

图5-5　设置描边颜色

（2）在"颜色"面板中单击"填充"按钮，填充颜色（R=228、G=0、B=127），如图5-6所示。

图5-6　设置填充颜色

3．使用描边面板

（1）在"描边"面板中单击"圆头连接"按钮，效果如图5-7所示。

图5-7　设置圆头连接描边

（2）选取描边图形，按Ctrl+Shift+[组合键将描边图形移至最后，效果如图5-8所示。

（3）选取绿色图形，填充白色，效果如图5-9所示。另存为"夏日风情2.indd"文件。

图5-8　调整叠放顺序

图5-9　改变图形填充色

在"描边"面板中，"粗细"选项用于设置描边的宽度，不同的描边粗细效果如图5-10所示。

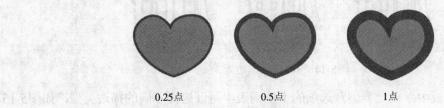

0.25点　　　　0.5点　　　　1点

图5-10　不同描边粗细效果

在"描边"面板中，"斜接限制"选项用于设置斜角的长度，不同斜角限制描边效果如图5-11所示。

斜角限制为10　　　　　　斜角限制为20

图5-11　不同斜角限制描边效果

在"描边"面板中，"末端"选项组🔲🔲🔲用于指定各线段的首端和尾端的形状样式，如图5-12所示。

平头端点　　　　圆头端点　　　　投射末端

图5-12　不同端点形状样式效果

在"描边"面板中，"结合"选项组 ▦▦▦ 用于指定一段线段的拐点，即线段的拐角形状，3种拐角结合形式描边效果如图5-13所示。

斜接连接　　　　　　　　圆角连接　　　　　　　　斜角连接

图5-13　不同拐角结合形式描边效果

在"描边"面板中，"对齐描边"选项组 ▦▦▦ 是指在路径的内部、中间还是外部设置描边，"描边对齐中心" ▦、"描边居内" ▦ 和"描边居外" ▦ 样式描边效果如图5-14所示。

描边对齐中心　　　　　　描边居内　　　　　　　描边居外

图5-14　3种样式描边效果

在"描边"面板中，在"类型"选项的下拉列表中可以选择不同的描边类型，如图5-15所示。

在"起点"和"终点"选项的下拉列表中可以选择线段的首端和尾端的形状样式，如图5-16所示。

在InDesign CS4中，还可以自己设置描边样式。

（1）单击"描边"面板右上方的图标，在弹出的菜单中选择"描边样式"命令，打开"描边样式"对话框，如图5-17所示。

　　　　　　　　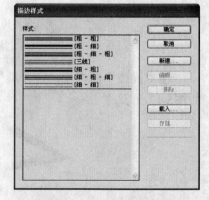

图5-15　选择描边类型　　　图5-16　选择起点和终点样式　　　图5-17　"描边样式"对话框

（2）单击"新建"按钮，打开"新建描边样式"对话框，在打开的对话框中可以设置"条纹"、"点线"和"虚线"3种类型的描边样式，如图5-18所示。

图5-18 "新建描边样式"对话框

（3）在"名称"文本框中设置新建描边样式的名称，设置完成后单击"确定"按钮，返回到"描边样式"对话框，在"样式"选项中会自动添加新建的样式，单击"确定"按钮，新建描边样式完成。

在"描边"面板中，"间隙颜色"用于设置除实线外的其他线段类型的间隙之间的颜色，间隙颜色的多少由"色板"面板中的颜色决定；"间隙色调"用于设置所填充间隙颜色的饱和度，如图5-19所示。

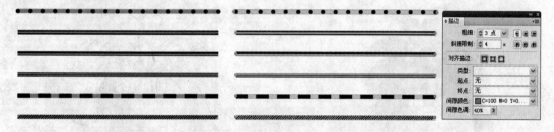

图5-19 设置间隙颜色和间隙色调

在"描边"面板的"类型"选项下拉列表中选择"虚线"，"描边"面板下方会自动弹出"虚线"选项，可以创建描边的虚线效果。"虚线"选项用来设置每一段虚线段的长度，虚线选项中包括6个参数栏，参数栏中输入的数值越大，虚线的长度就越长。设置不同虚线长度值的描边效果，如图5-20所示。"间隙"选项用来设置虚线段之间的距离，数值越大，距离越大，设置不同虚线间隙的描边效果如果5-21所示。

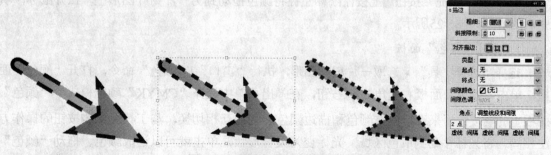

图5-20 不同虚线长度值描边效果

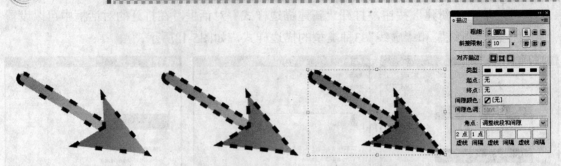

图5-21　不同虚线间隙值描边效果

5.4　实例：椰风海韵（颜色填充）

在InDesign CS4中，可以对所选对象进行颜色填充，从而制作出精美、漂亮的作品。可以通过使用InDesign中的各种工具、面板和对话框为图形填充颜色。

下面将以本节的"椰风海韵"插画为例，详细讲解如何指定所选对象的填充颜色。插画效果如图5-22所示。

1. 使用工具箱

（1）打开本书配套素材\Chapter-05\"椰风海韵1.indd"文件，如图5-23所示。

图5-22　"椰风海韵"插画效果　　　　　　　　图5-23　打开文件

（2）选择"选择工具"[▶]选取一片树叶图形，双击工具箱下方的"填充"按钮[■]，打开"拾色器"对话框，设置所需的颜色，如图5-24所示。

（3）在"填充"按钮[■]上按住鼠标左键将颜色拖动到另一片树叶图形上，松开鼠标，填充后的效果如图5-25所示。

2. 使用"颜色"面板

选择"选择工具"[▶]选取一片树叶图形，执行"窗口"|"颜色"命令，打开"颜色"面板，单击"颜色"面板右上角的[≡]按钮，在弹出菜单中选择"CMYK"颜色模式。"颜色"面板上的[■]按钮用来进行填充颜色和描边颜色之间的互相切换，与工具箱中[■]按钮的操作方法相同。将光标移动到取色区域，光标变为吸管形状，单击就可以选取颜色。拖动"颜色"面板各个颜色滑块或在各个数值框中输入颜色值，可以设置出更精确的颜色。新选的颜色被

应用到当前选定的树叶图形中，如图5-26所示。

图5-24 "拾色器"对话框

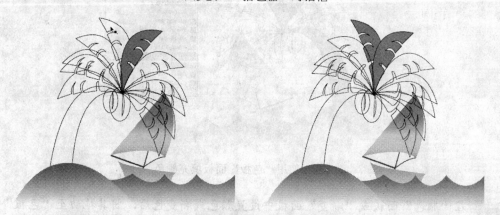

图5-25 使用工具箱填充颜色

图5-26 使用"颜色"面板填充颜色

3. 使用"色板"面板

（1）选择"选择工具" ▶ 选取树干图形，执行"窗口"|"色板"命令，打开"色板"面板，单击"色板"面板右上角的 ▾═ 按钮，在弹出菜单中选择"新建颜色色板"命令；打开"新建颜色色板"对话框，设置颜色参数值，如图5-27所示，单击"确定"按钮，树干填充

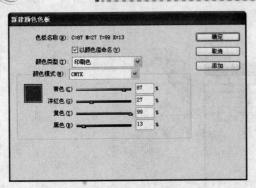

图5-27 "新建颜色色板"对话框

效果如图5-28所示。双击"色板"面板中的颜色缩略图■的时候会打开"色板选项"对话框，可以设置其颜色属性。

（2）选择"选择工具"选取椰子图形，在"色板"面板中单击颜色（C=5、M=38、Y=53、K=0），将颜色填充到图形中。

图5-28 使用"色板"面板填充颜色

 在"颜色"面板或"渐变"面板中设置颜色或渐变色后，将其拖动至"色板"面板中，可以在"色板"面板中生成新的颜色。

4. 吸管工具

（1）选择"选择工具"选取一片树叶图形，选择"吸管工具"，将光标移动到要复制属性的树叶图形上单击，则选择对象会按此对象的属性自动更新，如图5-29所示。应用"吸管工具"可以吸取颜色，而且还可以将一个图形对象的属性（如描边、颜色和透明属性等）复制到另一个图形对象。

图5-29 利用吸管工具更新对象属性

技巧

利用"吸管工具" <img>除了可以更新图形对象的属性以外，还可以将选择的文本对象按照其他文本对象的属性进行更新，其操作与更新图形属性的方法相同，如图5-30所示。

椰风海韵　椰风**海韵**

图5-30　利用吸管工具更新文本属性

（2）为其他图形填充颜色，设置描边色为无，效果如图5-31所示。另存为"椰风海韵2.indd"文件。

图5-31　为图形填充颜色

5.5　实例：鸟语花香（渐变填充）

渐变是指两种或多种不同颜色之间的一种混合过渡，所得到的效果细腻、色彩丰富。设置渐变填充有多种方法，可以使用"渐变色板工具" <img>，也可以使用"渐变"色板和"颜色"面板，还可以使用"色板"面板中的渐变样本。

下面将以本节的"鸟语花香"插画为例，详细讲解如何指定所选对象的渐变颜色。插画效果如图5-32所示。

1. 使用"渐变"面板

（1）打开本书配套素材\Chapter-05\ "鸟语花香1.indd"文件，如图5-33所示。

图5-32　"鸟语花香"插画效果

图5-33　打开文件

（2）执行"窗口"|"渐变"命令，打开"渐变"面板，如图5-34所示。双击"渐变色板工具" 也可打开"渐变"面板。

（3）从"类型"选项的下拉列表中选择"线性"渐变类型；单击渐变条下方的渐变色标，然后在"颜色"面板中调配颜色；在"位置"选项的参数栏中显示出该色标的位置，拖动色标可以改变该色标的位置；拖动位于渐变条上方的菱形图标，调整渐变色标的中点（使两种色标各占50%的点），或选择菱形图标并在"位置"选项参数栏中输入0~100的值；在"角度"选项参数栏中输入精确的渐变角度值，如图5-35所示。

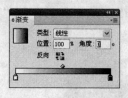
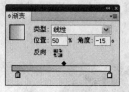

图5-34　"渐变"面板　　　　　　　　　　　图5-35　设置线性渐变

（4）在渐变条下方单击，可以添加一个色标，然后在"颜色"面板中调配颜色，可以改变添加的色标颜色，如图5-36所示。用鼠标按住色标不放并将其拖动到"渐变"面板外，可以直接删除色标。单击"反向渐变"按钮，可将色谱条中的渐变反转。

（5）将设置好的渐变色拖动至"色板"面板中。

（6）选择"选择工具" 选取小鸟翅膀图形，在"色板"面板中单击新建的渐变色，将渐变色填充到图形中，如图5-37所示。

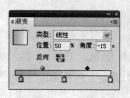

图5-36　添加色标　　　　　　　　　　图5-37　为图形填充渐变色

2. 创建渐变填充

（1）选择"选择工具" 选取小鸟尾巴图形，在"渐变"面板中设置渐变色，如图5-38所示。为图形填充线性渐变色，如图5-39所示。

（2）如果要改变颜色渐变的方向，选择"渐变色板工具" ，在小鸟尾巴图形中需要的位置单击设置渐变的起点，按住鼠标左键拖动到合适的位置，如图5-40所示。松开鼠标，渐变填充的效果如图5-41所示。

图5-38　设置渐变色　　　　　图5-39　为图形填充线性渐变色　　　　　图5-40　改变渐变方向

3. 渐变类型

（1）选择"选择工具"  选取所有的小花图形和黄色小圆，执行"窗口"|"渐变"命令，打开"渐变"面板，在"渐变"面板中包括"线性"渐变和"径向"渐变两种渐变类型。从"类型"选项的下拉列表中选择"径向"渐变类型；设置"径向"渐变色，如图5-42所示。为图形填充径向渐变色，如图5-43所示。

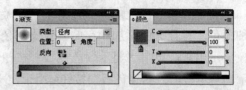

图5-41 渐变填充效果　　　　　　图5-42 设置径向渐变

（2）选择"选择工具" 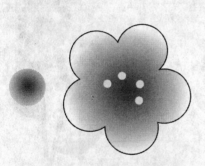 选取所有的小圆，双击"渐变羽化工具" ，打开"效果"对话框，设置渐变羽化，如图5-44所示。为小圆填充渐变羽化后的效果如图5-45所示。选取图形，选择"渐变羽化工具" ，在图形中需要的位置单击设置渐变的起点，按住鼠标左键拖动到合适的位置，也可创建渐变羽化。

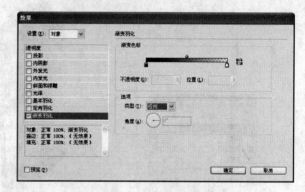

图5-43 为图形填充径向渐变色　　　　　　图5-44 设置渐变羽化

（3）选择"吸管工具" 复制已填充渐变色图形的颜色属性，效果如图5-46所示。为其他图形填充颜色，设置描边色为无，另存为"鸟语花香2.indd"文件。

图5-45 设置渐变羽化　　　　　　图5-46 复制图形属性

5.6　实例：美丽的花朵（"色板"面板）

可以使用"色板"面板创建和命名颜色、渐变或色调，并将它们快速应用于文档。色板类似于段落样式和字符样式，对色板所做的任何更改将影响应用该色板的所有对象。使用色板无需定位和调节每个单独的对象，这使得修改颜色方案变得更加容易。

执行"窗口"|"色板"命令，打开"色板"面板，如图5-47所示。"色板"面板提供了多种颜色，并且允许添加和存储自定义的色板。单击"显示全部色板"按钮 可以使所有的色板显示出来；单击"显示颜色色板"按钮 仅显示颜色色板；"显示渐变色板"按钮 仅显示渐变色板；"新建色板"按钮 用于定义和新建一个新的色板；"删除色板"按钮 可以将选定的色板从"色板"面板中删除。

下面将以本节的"美丽的花朵"插画为例，详细讲解"色板"面板的应用。插画效果如图5-48所示。

1. 新建色板

（1）打开本书配套素材\Chapter-05\"美丽的花朵1.indd"文件，如图5-49所示。

图5-47　"色板"面板　　　　图5-48　"美丽的花朵"插画效果　　　　图5-49　打开文件

（2）在"色板"面板中单击右上角的按钮 ，在弹出的菜单中选择"新建颜色色板"命令，打开"新建颜色色板"对话框，即可创建新的颜色色板。在该对话框中，根据需要设置相应的参数（C=0、M=70、Y=100、K=0），如图5-50所示，单击"确定"按钮即可创建新色板。在弹出的菜单中选择"新建渐变色板"命令，打开"新建渐变色板"对话框，即可创建新的渐变色板。

在该对话框中各选项的使用说明如下。

·颜色类型：在"颜色类型"列表中选择新建的颜色是印刷色还是专色。

·颜色模式：用来定义颜色的模式。

·以颜色值命名：勾选"以颜色值命名"复选框，添加的色板将以改变的色值命名。若不勾选此复选框，可直接在"色板名称"文本框中输入新色板的名称。

·可通过拖动滑块来改变色值，也可以在参数栏中直接输入数值来改变颜色值。

2. 编辑色板

（1）要对已有的色板（C=50、M=4、Y=46、K=0）进行编辑，可以双击该色板打开"色板选项"对话框，或在选中该色板后单击"色板"面板右上角的按钮▾▤，在弹出菜单中选择"色板选项"命令，打开"色板选项"对话框，如图5-51所示。在该对话框中，根据需要设置新的颜色参数（C=26、M=0、Y=56、K=0），单击"确定"按钮即可完成对色板的编辑工作。对颜色色板所做的更改将影响应用该色板的所有对象，此时图形效果如图5-52所示。

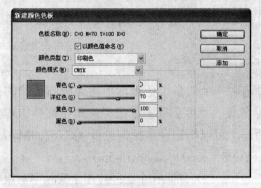

图5-50　"新建颜色色板"对话框

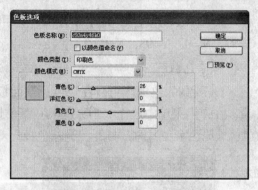

图5-51　"色板选项"对话框

（2）要对已有的渐变色板（蓝色渐变）进行编辑，可以双击该色板打开"渐变选项"对话框，或在选中该色板后单击"色板"面板右上角的按钮▾▤，在弹出菜单中选择"渐变选项"命令，打开"渐变选项"对话框，在该对话框中，根据需要设置新的渐变参数，在"色板名称"文本框中输入新色板的名称（红色渐变），如图5-53所示，单击"确定"按钮即可完成对渐变色板的编辑工作。对渐变色板所做的更改将影响应用该色板的所有对象，此时图形效果如图5-54所示。

图5-52　编辑颜色色板更换颜色

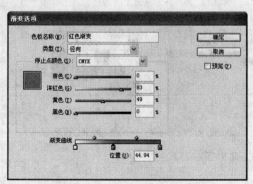

图5-53　"渐变选项"对话框

图5-54　编辑渐变色板更换颜色

3. 复制色板

（1）如果需要创建一个与现有色板颜色相近的色板时，可以通过复制色板来快速地完成创建。在"色板"面板中选中要作为基准的色板（C=87、M=22、Y=98、K=8），单击面板右上角的按钮▾▤，在弹出的菜单中选择"复制色板"命令，把作为基准的色板进行复制，并添加在"色板"面板中。

 选取一个色板，单击面板下方的"新建色板"按钮，或拖动色板到"新建色板"按钮上，均可复制色板。

（2）通过编辑色板的操作方法，即可对复制的色板进行编辑，设置新的颜色参数（C=87、M=0、Y=98、K=0）。

4. 删除色板

（1）要删除色板，可以在"色板"面板中选中一个或多个色板，单击面板右上角的按钮，在弹出菜单中选择"删除色板"命令删除色板。当要删除一个已经应用于文档中对象的色板（绿色渐变）时，打开"删除色板"对话框，可以指定一个替换色板（C=87、M=0、Y=98、K=0），如图5-55所示。

图5-55 "删除色板"对话框

（2）删除一个已经应用于文档中对象的色板（黄色渐变）时，打开"删除色板"对话框，可以指定一个替换色板（C = 0、M=70、Y=100、K=0）。另存为"美丽的花朵2.indd"文件。

 在"色板"面板中选中一个或多个色板，在"色板"面板下方单击"删除色板"按钮，或将色板直接拖动到"删除色板"按钮上，即可删除色板。

5. 改变色板的显示

当"色板"面板中的色板设置得过多时，用户可以通过改变色板的显示方式来快速查找所需要的色板。单击"色板"面板右上角的按钮，在弹出的菜单中选择"名称"、"小字号名称"、"小色板"或"大色板"命令，可以设置"色板"面板使用不同方式进行显示，如图5-56所示。

图5-56 设置"色板"面板显示方式

5.7 实例："钢笔"插画（设置色调）

色调是经过加网而变得较浅的一种颜色版本。色调是给专色带来不同颜色深浅变化的较便捷的方法，也是创建较浅印刷色的快速方法。与普通颜色一样，最好在"色板"面板中命名和存储色调，以便在文档中轻松编辑该色调的所有实例。色调的范围为0%～100%，数值越小，颜色越浅。

在使用淡印色的时候必须要注意的是，无论淡印色在照相机胶片上的效果有多好，任何少于20%的淡印色都很难被印刷机复制，而且几乎没有能够复制出差别为1%淡印色的印刷机，目前5%左右的变化是现有技术所限制的。

下面将以本节的"钢笔"插画为例，详细讲解如何创建和更改色调。"钢笔"插画效果如图5-57所示。

（1）打开本书配套素材\Chapter-05\"钢笔1.indd"文件，如图5-58所示。

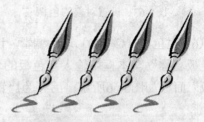

图5-57　"钢笔"插画效果　　　　　　　　　　图5-58　打开文件

（2）选择"选择工具" ，按住Shift键，选取图形，如图5-59所示，此时"色板"面板如图5-60所示，图形填充颜色为蓝色（C=100）。

图5-59　选取图形　　　　　　　　　　　　图5-60　"色板"面板

（3）在"色板"面板上方单击"色调"参数栏右侧的三角按钮，在弹出的滑尺上拖动滑块或在数值框中输入需要的数值，如图5-61所示。

（4）单击面板下方的"新建色板"按钮 ，在面板中生成以基准颜色的名称和色调百分比为名称的色板，如图5-62所示。

图5-61　设置色调　　　　　　　　　　　图5-62　添加新的色调色板

在"色板"面板中选取一个色板，在"色板"面板上方拖动"色调"滑块到适当的位置，单击面板右上角的按钮 ，在弹出的菜单中选择"新建色调色板"命令也可以添加新的色调色板。

（5）选取图形，参照上述步骤设置色调，并添加新的色调色板，图形效果如图5-63所示。此时"色板"面板如图5-64所示。

图5-63　设置对象的色调　　　　　　　　　　图5-64　添加色调色板

（6）对色板（C=100）进行编辑，设置新的颜色参数（C=0、M=100、Y=100、K=0），在"色板名称"文本框中输入新色板的名称（M100Y100），图形效果如图5-65所示，此时"色板"面板如图5-66所示。另存为"钢笔2.indd"文件。

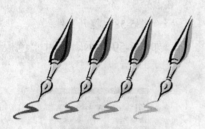

图5-65　设置对象的色调　　　　　　　　　　图5-66　添加色调色板

 在"色板"面板中选取一个色板，在"颜色"面板中拖动上方的滑块或在数值框中输入需要的数值，如图5-67所示，单击面板右上角的按钮 ![icon]，在弹出菜单中选择"添加到色板"命令，在"色板"面板中自动生成新的色调色板。

图5-67　通过"颜色"面板添加色调色板

5.8　导入颜色

在一个InDesign文档中可以使用其他InDesign文档中的颜色和渐变，也可以从其他颜色库中导入所有的颜色。

1. 从其他文档中导入颜色

从其他文档中导入颜色时，可以选择将源文件中的部分或全部专色、印刷色，以及渐变色调添加到"色板"面板中。

如果要将其他文档中所有的颜色、色调和渐变导入，可以在"色板"面板中单击右上角的按钮 ![icon]，在弹出的菜单中选择"载入色板"命令，打开"打开文件"对话框，在其中选中要将颜色、色调渐变导入的文档，单击"打开"按钮完成全部色板的导入。

如果只需将其他文档中的部分颜色、色调和渐变导入，可以同时打开源文档和目标文档，将源文档中选定的颜色、色调和渐变直接拖放到目标文档中，完成部分色板的导入。

2. 从其他颜色库中导入颜色

在"色板"面板中单击右上角的按钮 ≡，在弹出的菜单中选择"新建颜色色板"命令，打开"新建颜色色板"对话框，在"颜色模式"下拉列表中选择一个库文件，InDesign将会在列表框中打开这个库，如图5-68所示。

在库列表框中选中了一个或多个色板后，单击"添加"按钮即可将库中所选的色板添加到"色板"面板中，完成添加色板后单击"完成"按钮退出"新建颜色色板"对话框，此时色板列表中显示添加的颜色，如图5-69所示。

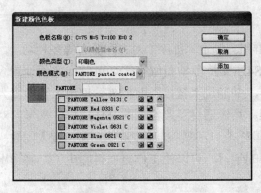

图5-68 打开颜色库

图5-69 显示添加的颜色

课后练习

1. 感叹号设计，效果如图5-70所示。

要求：

（1）设置文字和图形描边。

（2）为图形填充线性渐变色。

（3）为图形填充径向渐变色。

图5-70 感叹号设计

2. 为花朵与树叶上色，效果如图5-71所示。

图5-71 为花朵与树叶上色前后的效果图

要求：

（1）为图形填充颜色和渐变色。

（2）应用"色板"面板。

（3）设置色调。

第6课

对象操作与图像处理

本课知识结构

在InDesign CS4中，强大的图形对象编辑和群组、锁定、排序、对齐和分布等多种功能，对组织图形对象而言是非常有用的。InDesign CS4还支持多种图像格式，可以很方便地置入其他格式的图像，与多种应用软件进行协同工作，并通过"链接"面板来管理出版物中置入的图像文件。本课就将学习对象操作与图像处理。具体通过经典实例的制作过程，来学习对象的选取、缩放、移动、镜像、复制等操作，掌握对齐、分布、排序、群组对象、置入图像、图像的链接和嵌入、剪切图像的方法。通过本课的学习，可以使工作更加得心应手，制作出丰富多彩的排版版面。

就业达标要求

☆ 编辑对象　　　　　　　　　　　☆ 对齐和分布对象

☆ 对象的排序、编组及锁定　　　　☆ 对象库

☆ 图形图像的基本概念　　　　　　☆ 置入文件

☆ 图像的链接和嵌入　　　　　　　☆ 剪切图像

6.1　对象样式

在InDesign CS4文档中段落和字符分别有"段落样式"和"字符样式"，对于矢量图形、文本框架等对象同样也有"对象样式"。利用"对象样式"可以快速设置对象的描边、颜色、透明度、投影和文本绕排等格式。

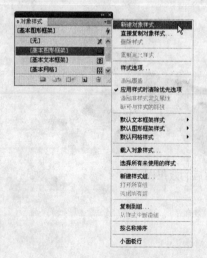

1. 创建对象样式

利用"对象样式"面板可以创建、命名和应用对象样式。对于每个文档，该面板会初步列出一组默认的对象样式。

执行"窗口"|"对象样式"菜单命令，打开"对象样式"面板，如图6-1所示，单击面板右上角的按钮，在弹出的菜单中选择"新建对象样式"命令，打开"新建对象样式"对话框，在其中可输入对象样式的名称，如图6-2所示。

图6-1　"对象样式"面板

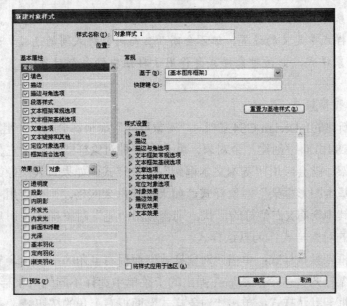

图6-2　"新建对象样式"对话框

如果要直接在另一对象样式的基础上创建新样式，可以在"基于"下拉列表中选择该对象样式。

> 运用"基于"选项创建的父子对象样式之间将相互链接，即修改了父对象样式之后，基于它的子样式也会随之变化。设置子对象样式后，如果需要重新设置，单击"重置为基准样式"按钮即可将子样式完全恢复到所基于的父样式设置项。

单击"快捷键"文本框，按下键盘上的Shift键、Alt键或Ctrl键的任意组合，并按下数字小键盘上的任意数字即可创建该对象样式的快捷键。用户可以根据需要勾选"常规"设置区域下的目标选项，并进一步进行设置。设置完毕后，单击"确定"按钮，即可完成新对象样式的创建。

2. 应用对象样式

应用对象样式可以采用传统的选择方法或者采用快速直接的鼠标拖曳操作来完成。

•直接选择：选择目标对象，在控制面板或"对象样式"面板中选择所需的对象样式即可。

•鼠标拖曳：将所需的对象样式直接从"对象样式"面板上拖动至目标对象上，当鼠标指针呈 状时，松开鼠标即可，如图6-3和图6-4所示。

图6-3　"对象样式"面板

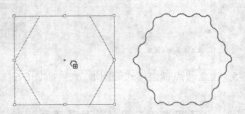

图6-4　通过拖曳应用对象样式

应用对象样式后，仍然可以根据需要向对象应用任何其他设置。虽然用户可以覆盖在对象样式中定义的设置，但不会断开其与对象样式间的连接。如果对群组的对象应用对象样式，则该对象样式会作用于群组中的每个对象。

3. 使用默认对象样式

对于每一个新建的InDesign CS4文档，"对象样式"面板都会列出一组默认的对象样式。只要在InDesign CS4页面中创建一个对象，就会有一种对象样式应用于它。例如，在默认情况下创建文本框架，就会应用"基本文本框架"对象样式；如果置入图像或者绘制路径或形状，则会应用"基本图形框架"对象样式；如果创建框架网格，则会应用"基本网格"对象样式；如果绘制其中含有X占位符的形状，则会应用"无"对象样式。用户可以为这些类型的对象选择另外的对象样式作为默认样式。

· 更改文本框架默认样式：单击"对象样式"面板右上角的按钮，在弹出的菜单中选择"默认文本框架样式"命令，然后在弹出的子菜单中选择不同的对象样式即可。

· 更改图形框架默认样式：单击"对象样式"面板右上角的按钮，在弹出的菜单中选择"默认图形框架样式"命令，然后在弹出的子菜单中选择不同的对象样式即可。

· 更改网格框架默认样式：单击"对象样式"面板右上角的按钮，在弹出的菜单中选择"默认网格样式"命令，然后在弹出的子菜单中选择不同的对象样式即可。

· 更改任何对象类型默认样式：将标记默认对象类型的图标从一种对象样式拖曳至另一种对象样式即可。

4. 对象样式覆盖

与段落样式和字符样式相同，对象样式也可以有样式覆盖的现象。

· 对象样式覆盖：如果某一个对象的设置与其所用的对象样式存在差别，就会产生该对象样式的覆盖。例如，某一多边形所应用的"对象样式1"的描边线型为"波浪线"，如果直接通过控制面板将其描边类型更改为"圆点"，这就是对"对象样式1"的覆盖，该样式名称旁边会显示一个加号（+）。

· 清除对象样式覆盖：清除对象样式覆盖就是取消与对象样式有冲突的设置，将对象恢复到以前应用对象样式的模样。具体操作时，首先选择目标对象，如图6-5所示，按下键盘上的Ctrl+F7组合键打开"对象样式"面板，如图6-6所示，然后单击该面板底部的"清除覆盖"按钮，即可清除对象样式覆盖，如图6-7所示。

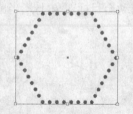

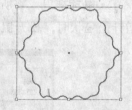

图6-5　覆盖圆点描边样式的图形　　　图6-6　"对象样式"面板　　　图6-7　清除对象样式覆盖

只有当所应用的属性属于样式时，才会显示覆盖。例如，如果对象样式只更改填充颜色，则为对象应用透明效果不会显示为覆盖。

5. 非对象样式定义属性

· 非对象样式定义属性：所谓非对象样式定义属性，就是某一对象先前应用的对象样式与在"对象样式选项"对话框中取消了某一选项后的同一对象样式存在着差别，该对象就存在着非样式定义属性。例如，"对象样式1"中"填色"选项为50%的绿色，如果在"对象样式选项"对话框中取消"填色"项，此时已经应用了"对象样式1"的所有对象则不会有任何变化，其所具有的"填色"设置与更改后的"对象样式1"存在着非样式定义属性的冲突。

· 清除非对象样式定义属性：要清除目标对象存在的非样式定义属性，与其所应用的对象样式保持完全一致，在选择目标对象后，直接单击"对象样式"面板底部的"清除非样式定义属性"按钮即可，如图6-8、图6-9和图6-10所示。

图6-8　非对象样式定义属性　　　图6-9　"对象样式"面板　　　图6-10　清除图形非样式定义属性

6. 编辑对象样式

双击"对象样式"面板中的目标样式，在打开的"对象样式选项"对话框中勾选或取消目标选项，并设置所需的项，如图6-11所示，设置完毕后，单击"确定"按钮，完成对象样式的编辑。

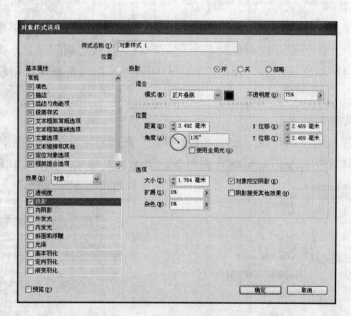

图6-11　"对象样式选项"对话框

提示　如果在"对象样式选项"对话框中勾选了某项设置，然后又在编辑样式时取消了该选项，则所有应用了该样式的对象都不会将该样式属性移除。

7. 直接复制对象样式

若要复制某一对象样式，可以右击"对象样式"面板中的所需样式，然后右击，在弹出的菜单中选择"直接复制样式"命令，或者直接将该对象样式拖曳至"对象样式"面板底部的"新建样式"按钮 即可。

8. 删除对象样式

要删除对象样式，则单击"对象样式"面板中的目标样式，单击面板右上角的 按钮，在弹出的菜单中选择"删除样式"命令，或者直接将其拖动至面板底部的"删除选定样式"按钮 即可，若删除了已经应用了对象的样式或者其他样式所基于的样式，则弹出"删除对象样式"对话框，如图6-12所示。

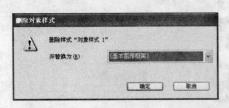

图6-12 "删除对象样式"对话框

如果要改变当前已使用且将被删除的对象的样式，则在"删除对象样式"对话框中选取所需的对象样式，单击"确定"按钮即可；若想让对象保持不变，则选择"[无]"选项，并勾选"保留格式"复选框，单击"确定"按钮即可；要移去已应用的所有属性设置，则选择"[无]"选项，取消"保留格式"复选框，单击"确定"按钮即可。如果要删除未应用于对象的所有样式，则单击"对象样式"面板右上角的 按钮，在弹出的菜单中选择"选择所有未使用的样式"命令，然后单击"删除选定样式"按钮 即可。

9. 断开样式链接

选择目标对象，单击"对象样式"面板右上角的 按钮，在弹出的菜单中选择"断开与样式的链接"命令，即可断开该对象与其所应用的对象样式之间的链接，如图6-13所示。断开对象样式后，目标对象虽然仍会保持原有的一切属性，但当重新设置对象样式后，该对象不会有任何变化。

10. 重新定义对象样式

选择被样式覆盖的目标对象，单击"对象样式"面板右上角的 按钮，在弹出的菜单中选择"重新定义样式"命令，即可将样式覆盖定义为对象样式，如图6-14所示。

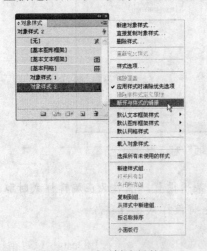

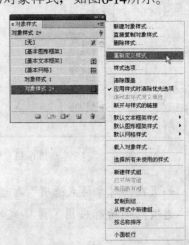

图6-13 断开样式链接　　　　　图6-14 重新定义对象样式

"重新定义样式"与"清除覆盖"命令的区别在于"清除覆盖"是将对象重新恢复到先前的模样；而"重新定义样式"是将对象样式随着对象的变化而改变，即对象样式会变为所应用的覆盖设置，并且所有应用了该对象样式的对象也会改变。

11. 导入对象样式

为了提高工作效率，用户可以直接导入其他InDesign CS4文档所需的对象样式，除了样式本身以外，InDesign CS4还会导入在样式中命名用的任何色板、自定描边或段落样式。

如果导入的色板、描边或段落样式与现有色板或样式名称相同但值不同，则InDesign CS4会重命名它。如果导入的对象样式包括命名网格，则还会导入这些网格。

单击"对象样式"面板右上角的 按钮，在弹出的菜单中选择"载入对象样式"命令，然后在打开的"打开文件"对话框中选择目标文档，单击"打开"按钮，打开"载入样式"对话框，用户可以在其中选择所需的样式，如图6-15所示。设置完毕后，单击"确定"按钮即可。

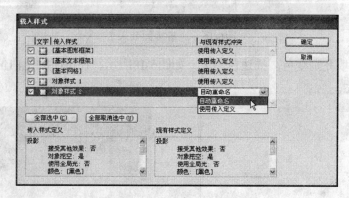

图6-15 "载入样式"对话框

以下为"现有样式冲突"选项的简要说明。

· 使用传入样式定义：用载入的样式覆盖现有样式，并将它的新属性应用于当前文档中使用旧样式的所有文本。传入样式和现有样式的定义都显示在"载入样式"对话框的下方，以便读者看到它们的区别。

· 自动重命名：重命名载入的样式。

6.2 实例：风景插画（编辑对象）

在InDesign CS4中，可编辑的对象指页面中包含的各种元素，其中包括路径、复合形状和文字、表格和置入的图像等。在页面中添加了不同的对象以后，就需要对所有的对象进行布局和调整的控制，才能进一步丰富页面的设计效果。

下面将以本节的"风景插画"为例，详细讲解如何编辑对象，其中包括对象的头发选取、缩放、移动、镜像、复制和删除等操作。风景插画效果如图6-16所示。

1. 选取和移动对象

（1）启动InDesign CS4应用程序，按Ctrl+N快捷键，新建一个横向文件。

（2）选择"矩形工具" ，绘制一个矩形。选择"选择工具" ，将鼠标移动到矩形对象上，单击即可选取矩形对象，对象的选取状态如图6-17所示。在InDesign CS4中，当对象呈选取状态时，在对象的周围会出现限位框（又称为外框），限位框是代表对象水平和垂直尺寸的矩形框。

图6-16　风景插画效果

（3）为矩形填充渐变色，描边色为无，如图6-18所示。在页面的空白位置单击，取消矩形对象的选取状态。

图6-17　选取对象

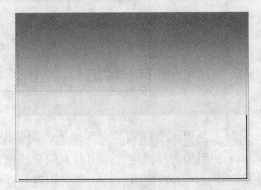

图6-18　为矩形填充渐变色

　使用"选择工具"，先选中一个对象，然后在按住Shift键的同时逐一单击需要同时选中的多个对象，如果被单击的对象已经处于选中状态，则会取消对该对象的选择。该技巧经常用于选择或取消选择多个不相邻的对象。执行"编辑"|"全选"命令，或按Ctrl+A快捷键，可选取一个跨页及其粘贴板上的所有对象。

　可使用"选择工具"扩选对象，选择"选择工具"在页面中要选取的图形对象外围拖动鼠标，出现虚线框，虚线框接触到的对象都将被选取，如图6-19所示。

（4）选择"椭圆工具"，按住Shift键，绘制大小不等的多个圆形，如图6-20所示。选取绘制的圆形，单击"路径查找器"面板中的"相加"按钮，效果如图6-21所示。

图6-19 扩选对象

图6-20 绘制圆形　　　　　　　　　　　　　图6-21 创建复合形状

（5）选择"选择工具" ，选取复合形状，在复合形状上单击并按住鼠标左键不放，拖动到适当的位置，松开鼠标，即可将复合形状移动到合适的位置，如图6-22所示。

选中要移动的对象后，双击"选择工具"，或执行"对象"|"变换"|"移动"命令，打开"移动"对话框，如图6-23所示。"水平"和"垂直"文本框用于输入对象要移动的水平和垂直距离，正值可使对象向下、向右移动，负值则使对象向上、向左移动。"距离"参数栏用于设置对象移动的距离。"角度"参数栏用于设置对象移动的角度，正值为逆时针方向，负值则为顺时针方向。单击"副本"按钮，可复制出多个移动对象。

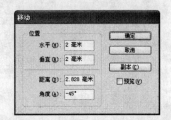

图6-22 移动对象　　　　　　　　　图6-23 "移动"对话框

（6）为复合形状填充白色，去除轮廓线。参照上述方法，绘制另外一些云彩图形，如图6-24所示。

图6-24 绘制云彩图形

 选取要移动的对象，用键盘上的方向键也可以微调对象的位置。每按一次键，对象就会向相应的方向移动一个指定的单位长度。该单位长度，可以通过执行"编辑"|"首选项"|"单位和增量"命令，打开"首选项"对话框的"单位和增量"设置界面，在"键盘增量"选项区域中进行设置。如果要按指定单位长度的10倍距离来移动对象，可以在按方向键的同时，按住Shift键移动对象。

2. 复制和删除对象

（1）选取要复制的云彩图形，执行"编辑"|"复制"命令，或按Ctrl+C快捷键，对象的副本将被放置在剪贴板中；执行"编辑"|"粘贴"命令，或按Ctrl+V快捷键，对象的副本将被粘贴到页面中，选择"选择工具"，将其拖动到适当的位置，如图6-25所示。

 按住Alt键可以将对象进行移动复制，效果如图6-26所示，若按住Alt+Shift键，可以确保对象在水平、垂直或45°角的倍数方向上移动复制。

图6-25 复制对象　　　　　　　　图6-26 移动复制对象

（2）在InDesign CS4中删除对象的方法很简单，选取要删除的对象，执行"编辑"|"清除"命令，或按Delete快捷键，可以轻松将选取的对象删除。如果想删除多个或全部对象，首先要选取这些对象，再选择"清除"命令。

3. 缩放和镜像对象

（1）选择"选择工具" ，选取要缩放的云彩图形，对象的周围出现限位框；选择"自由变换工具" ，拖动对象对角线上的控制手柄，松开鼠标，对象的缩放效果如图6-27所示。

图6-27 缩放云彩图形

 拖动对角线上的控制手柄时，按住Shift键，对象会按比例缩放；按住Shift+Alt键，对象会按比例从对象中心进行缩放。

（2）选择"选择工具" ，选取要缩放的云彩图形；选择"缩放工具" ，对象的中心会出现缩放对象的中心控制点，单击并拖动中心控制点到适当的位置，再拖动对象对角线上的控制手柄，松开鼠标，对象的缩放效果如图6-28所示。

图6-28 缩放对象

 要对对象进行精确的缩放控制，可以在选中对象后，双击"缩放工具"或执行"对象" | "变换" | "缩放"命令，打开"缩放"对话框，如图6-29所示。要保持对象的纵横比，可以在该对话框中使"约束缩放比例"按钮 处于选中状态，然后在"缩放"参数栏中输入缩放的百分比；要对对象的宽和高设置不同的缩放比例，可以取消选中"约束缩放比例"按钮，然后在"缩放"参数栏中分别输入不同的缩放比例。

（3）绘制大片云彩图形，绘制小山图形，并填充渐变色，效果如图6-30所示。

（4）选择"选择工具" ，选取要镜像的天空图形；按Ctrl+C快捷键进行复制，执行"编辑" | "原位粘贴"命令，进行原位粘贴。选择"缩放工具" ，对象的中心会出现缩放对象的中心控制点，单击并拖动中心控制点到适当的位置，如图6-31所示。单击控制面板中的"垂直翻转"按钮 ，可使对象以中心控制点为中心垂直翻转镜像，如图6-32所示。

（5）缩放镜像后的图形，形成天空在水中的倒影，效果如图6-33所示。

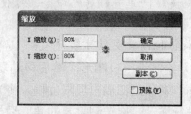

图6-29 "缩放"对话框

图6-30　绘制并填充图形

图6-31　设置镜像中心控制点

图6-32　垂直镜像对象

图6-33　缩放对象

（6）参照上述方法，对云彩和小山图形进行垂直镜像，并设置不同的色调，如图6-34所示。单击控制面板中的"水平翻转"按钮，可使对象以中心控制点为中心水平翻转镜像，如图6-35所示。

图6-34　镜像对象

图6-35　水平镜像对象

技巧　执行"对象"|"变换"|"水平翻转"命令，可使对象水平翻转。执行"对象"|"变换"|"垂直翻转"命令，可使对象垂直翻转。

4．旋转和倾斜变形对象

（1）绘制纸飞机图形，然后移动复制纸飞机。选取要旋转的纸飞机，选择"自由变换工具" ，对象的四周出现限位框，将光标放在限位框的外围，光标变为旋转符号，按住鼠标左键进行拖动，旋转到需要的角度后松开鼠标左键，效果如图6-36所示。可使用控制面板 和"变换"面板 旋转对象。执行"对象"|"变换"|"旋转"命令，也可

旋转对象。

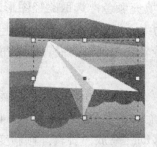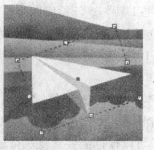

图6-36　旋转对象

选取要旋转的对象，选择"旋转工具"，对象的中心点出现旋转中心图标，将鼠标移动到旋转中心上，按下鼠标左键拖动旋转中心到需要的位置，在所选对象外围拖动鼠标以中心控制点为中心旋转对象。

（2）选择"文字工具"，输入"风景如画"文字，设置字体并填充为白色，如图6-37所示。选择"选择工具"，选取文字对象，选择"切变工具"，拖动鼠标变形对象，将其倾斜变形到需要的角度后松开鼠标左键，倾斜变形效果如图6-38所示。可使用控制面板和"变换"面板倾斜变形对象。执行"对象"|"变换"|"旋转"命令，也可倾斜变形对象。

图6-37　输入文字　　　　　　　　　　　　　　图6-38　倾斜变形对象

5. 多重复制对象

先绘制小树图形，然后选取它，再执行"编辑"|"多重复制"命令，打开"多重复制"对话框，在该对话框的"重复次数"微调数值框中设置要复制对象的个数；在"水平位移"微调数值框和"垂直位移"微调数值框中，设置在该方向上相邻两个对象中心点之间的距离，如图6-39所示。图形效果如图6-40所示。

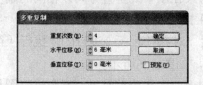

图6-39　"多重复制"对话框　　　　　　　　　图6-40　多重复制对象

6. 再次变换对象

（1）选择"钢笔工具" ，绘制图形，填充颜色；选取路径图形，选择"旋转工具" ，将鼠标移动到中心上，按住鼠标左键拖动中心点到左下端控制点上，如图6-41所示；执行"对象"|"变换"|"旋转"命令，打开"旋转"对话框，设置旋转角度为45°，如图6-42所示。

（2）单击"副本"按钮，旋转复制图形，效果如图6-43所示。连续按6次Ctrl+Alt+3快捷键，45°旋转复制6个图形，如图6-44所示。执行"对象"|"再次变换"|"再次变换"命令，也可再次变换对象，可以根据需要重复执行移动、缩放、旋转、倾斜变形等操作。

图6-41 设置旋转中心点

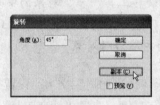
图6-42 "旋转"对话框

图6-43 旋转复制图形

（3）选择"椭圆工具" ，绘制花心。选择"钢笔工具" ，绘制小草图形，效果如图6-45所示。按Ctrl+S快捷键，保存为"风景插画.indd"。

图6-44 再次变换对象

图6-45 绘制花朵和小草

6.3 实例：五彩铅笔（对齐和分布对象）

对齐和分布对象操作，可以将当前选中的多个对象在水平或垂直方向以相同的基准线进行精确的对齐，或者使多个对象以相同的间距在水平或垂直方向进行均匀分布。

在InDesign CS4中，对齐和分布对象操作是通过"对齐"面板来进行的，执行"窗口"|"对象和版面"|"对齐"命令，打开"对齐"面板，如图6-46所示。

下面将以本节的"五彩铅笔"为例，详细讲解如何对齐和分布对象。五彩铅笔图形效果如图6-47所示。

1. 对象的对齐

（1）打开本书配套素材\Chapter-06\"五彩铅笔1.indd"文件，如图6-48所示。

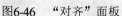

图6-46　"对齐"面板

图6-47　五彩铅笔

图6-48　打开文件

（2）选取要对齐的对象，如图6-49所示。

（3）单击"对齐"面板中的"顶对齐"按钮，所有选取的对象都将向上对齐，效果如图6-50所示。

（4）选取下方4支彩色铅笔，单击"对齐"面板中的"底对齐"按钮，所有选取的对象都将向底部对齐，效果如图6-51所示。

图6-49　选取对象

图6-50　对象顶对齐

图6-51　对象底对齐

在"对齐"面板的"对齐对象"选项区域中，提供了6种对齐对象的方式，如图6-52所示。

· "左对齐"按钮：单击该按钮后，所有选中的对象，将以选中的对象中最左边的对象的左边缘进行垂直方向的对齐。

· "水平居中对齐"按钮：单击该按钮后，所有选中的对象，将在垂直方向以各对象的中心点进行对齐。

· "右对齐"按钮：单击该按钮后，所有选中的对象，将以选中的对象中最右边的对象的右边缘进行垂直方向的对齐。

· "顶对齐"按钮：单击该按钮后，所有选中的对象，将以选中的对象中最上边的对象的上边缘进行水平方向的对齐。

· "垂直居中对齐"按钮：单击该按钮后，所有选中的对象，将在水平方向以各对象的中心点进行对齐。

· "底对齐"按钮：单击该按钮后，所有选中的对象，将以选中的对象中最下边的对象的下边缘进行水平方向的对齐。

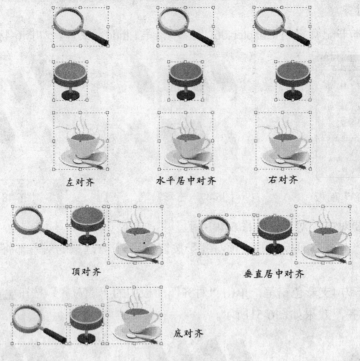

图6-52　对齐对象

2. 对象的分布

（1）选取要分布的对象，如图6-53所示。

（2）单击"对齐"面板中的"水平居中分布"按钮，可使所有选中的对象在水平方向上，保持相邻对象中心点之间的间距相等；然后勾选"分布对象"选项组中的"使用间距"复选框，在数值框中将距离数值设置为50mm，再单击"对齐"面板中的"水平居中分布"按钮，可使所选对象按设置的距离等距离水平分布，效果如图6-54所示。

（3）选取下方4支彩色铅笔，依照上述方法，水平居中分布对象，效果如图6-55所示。

（4）选取上方4支彩色铅笔，按Ctrl+G快捷键群组；选取下方4支彩色铅笔，按Ctrl+G快捷键群组；选取2个群组对象，单击"对齐"面板中的"左对齐"按钮，所有选取的对象都将向左对齐，并移动到页面合适位置，效果如图6-56所示。另存为"彩色铅笔2.indd"文件。

图6-53　选取对象

图6-54　对象水平居中分布

图6-55　铅笔图形水平居中分布

在"对齐"面板的"分布对象"选项区域中，提供了6种分布对象的方式。

图6-56 对象左对齐

· "按顶分布"按钮▤：单击该按钮后，可使所有选中的对象在垂直方向上，保持相邻对象顶边之间的间距相等。

· "垂直居中分布"按钮▤：单击该按钮后，可使所有选中的对象在垂直方向上，保持相邻对象中心点之间的间距相等。

· "按底分布"按钮▤：单击该按钮后，可使所有选中的对象在垂直方向上，保持相邻对象底边之间的间距相等。

· "按左分布"按钮▥：单击该按钮后，可使所有选中的对象在水平方向上，保持相邻对象左边缘之间的间距相等。

· "水平居中分布"按钮▥：单击该按钮后，可使所有选中的对象在水平方向上，保持相邻对象中心点之间的间距相等。

· "按右分布"按钮▥：单击该按钮后，可使所有选中的对象在水平方向上，保持相邻对象右边缘之间的间距相等。

6.4 实例：音乐之声（对象的编组、排序及锁定）

在InDesign CS4中，可以将多个对象进行编组组合成一个整体。在对编组进行编辑时，不会影响到各组成对象的属性及各组成对象之间的相对位置。

复杂的绘图是由一系列相互重叠的对象组成的，而这些对象的排列顺序决定了图形的外观。

在制作出版物的过程中，如果对象的位置已经确定，不希望再更改时，可以通过锁定对象位置的操作来防止对该对象的位置进行误操作。

下面将以本节的"音乐之声"为例，详细讲解对象的排序、编组及锁定。"音乐之声"图形效果如图6-57所示。

图6-57 "音乐之声"效果图

1. 对象的群组

（1）打开本书配套素材\Chapter-06\"音乐之声1.indd"文件，如图6-58所示。

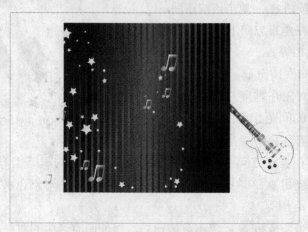

图6-58　打开文件

（2）选择"选择工具" ，从上端扩选红色渐变图形，如图6-59所示。

图6-59　扩选图形

（3）执行"对象"|"编组"命令，或按Ctrl+G快捷键，将选取的对象编组，如图6-60所示。选择编组后的图像中的任何一个图像，其他的图像也会同时被选取。执行"对象"|"取消编组"命令，或按Ctrl+Shift+G快捷键，即可取消图像的编组。

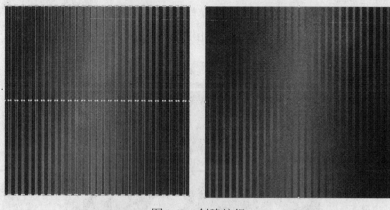

图6-60　创建编组

（4）选择"选择工具" ，扩选星形和音符图形，按住Shift键的同时单击群组的红色渐变图形，取消对群组红色渐变图形的选择。按Ctrl+G快捷键，将选取的星形和音符图形编组。

（5）选择"选择工具" ，扩选吉他图形，按住Shift键的同时单击群组的红色渐变图形，取消对群组红色渐变图形的选择。按Ctrl+G快捷键，将选取的吉他图形编组。

技巧 将几个组合进行进一步的组合，或者将组合与对象再进行组合，创建嵌套的群组。组合不同图层上的对象，组合后所有的对象将自动移动到最上边对象的图层中，并形成组合。

2. 对象的排序

选择"选择工具" ，选中要排序的吉他图形，用鼠标右键单击页面，弹出其快捷菜单，在"排列"命令的子菜单中选择"置于顶层"命令，图像将排到最前面，如图6-61所示。要将已选中对象移至顶层，可按Ctrl+Shift+]快捷键，或执行"对象"|"排列"|"置于顶层"命令。

对于已选中的对象，可以调整该对象与其他对象之间的叠放顺序。

• 要将已选中对象上移一层，可按Ctrl+]快捷键或执行"对象"|"排列"|"前移一层"命令。

• 要将已选中对象下移一层，可按Ctrl+[快捷键或执行"对象"|"排列"|"后移一层"命令。

• 要将已选中对象移至顶层，可按Shift+Ctrl+]快捷键，或执行"对象"|"排列"|"置于顶层"命令。

• 要将已选中对象移至底层，可按Shift+Ctrl+[快捷键，或执行"对象"|"排列"|"置于底层"命令。

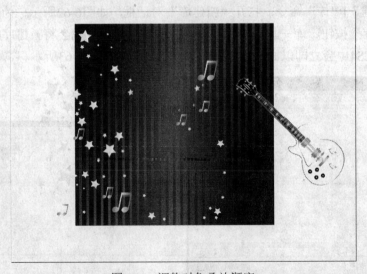

图6-61 调整对象叠放顺序

对于一组叠放的对象，要选择不同层次的对象，有多种不同的选择方法。

• 选取当前已选中对象上一层次的对象时，应按住Ctrl+Alt快捷键，用"选择工具"单击。

• 选取当前已选中对象下一层次的对象时，应按住Ctrl键，用"选择工具"单击。

• 从指针当前所指向的对象开始向下逐层选取对象时，应按Alt+Ctrl+[快捷键，或执行"对象"|"选择"|"下方下一个对象"命令，直至选中底层对象。

• 从指针当前所指向的对象开始向上逐层选取对象时，应按Alt+Ctrl+]快捷键，或执行"对象"|"选择"|"上方下一个对象"命令，直至选中顶层对象。

• 直接选取底层对象时，应按Alt+Shift+Ctrl+[快捷键，或执行"对象"|"选择"|"下方

最后一个对象"命令。

　　• 直接选取顶层对象时，应按**Alt+Shift+Ctrl+]**组合键，或执行"对象"|"选择"|"上方第一个对象"命令。

　　3. 对象的锁定

　　（1）选择"选择工具"，选中要锁定的红色渐变图形，执行"对象"|"锁定位置"命令，或按**Ctrl+L**快捷键，将图形的位置锁定。锁定后，当移动图形时，会出现图标表示图形已锁定，不能被移动。执行"对象"|"解锁位置"命令，或按**Ctrl+Alt+L**快捷键，被锁定的图像就会被取消锁定。

　　（2）将星形和音符群组图形移至合适位置，等比放大吉他图形，并移至合适位置，另存为"音乐之声2.indd"文件。

6.5　对象库

　　使用对象库有助于组织最常用的图形、文本和页面。也可以向库中添加标尺参考线、网格、绘制的形状和编组图像，可以根据需要创建多个库。

　　1. 创建库

　　用户可以新建多个库，同一个图像也可以属于不同的库。要创建一个对象库，可以执行"文件"|"新建"|"库"命令，打开"新建库"对话框，如图6-62所示。为库指定位置和名称，单击"保存"按钮。库一旦新建完成，在"窗口"菜单中就会将新建库的名称列出，并且在**InDesign CS4**中会立即以面板的形式将新建库打开，如图6-63所示。

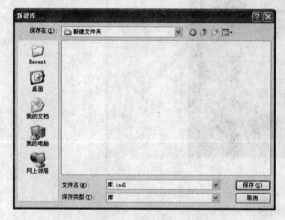　　　　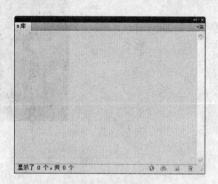

图6-62　"新建库"对话框　　　　　　　　图6-63　新建库

　　2. 将对象添加到库中

　　在新建的库中不包含任何对象，要将对象添加到库中有多种方法可以实现，如图6-64所示。

　　• 拖动一个或多个对象到新建的库中，当鼠标指针变为形状时释放鼠标。

　　• 选中一个或多个对象后，单击新建库面板中的"新建库项目"按钮。

　　• 选中一个或多个对象后，单击新建库面板右上方图标，在弹出菜单中选择"添加项目"命令。

· 要将当前页面添加到库中，可以单击新建库面板右上方 图标，在弹出菜单中选择"添加页面上的项目"命令。

· 要将当前页面中的所有对象分别添加到库中，可以单击新建库面板右上方 图标，在弹出菜单中选择"将页面上的项目作为单独对象添加"命令。

3. 将库中的项目应用于页面

选择"选择工具" ，选取"库"面板中的一个或多个对象，按住鼠标左键将其拖动到页面中，松开鼠标左键，即可将对象添加到页面中，如图6-65所示。

图6-64 将对象添加到库中

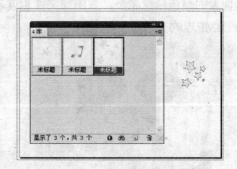

图6-65 将库中项目应用于页面

选择"选择工具" ，选取"库"面板中的一个或多个对象，单击"库"面板右上方 图标，在弹出菜单中选择"置入项目"命令。

4. 管理库对象

选择"选择工具" ，选取要添加到"库"面板中的图形，在"库"面板中选取要替换的对象，单击面板右上方 图标，在弹出菜单中选择"更新库项目"命令，新项目将替换库中的对象。

选择"选择工具" ，选取"库"面板中要拷贝的对象，按住鼠标左键将其拖动到另一个"库"面板中，松开鼠标左键，即可将对象拷贝到另一个"库"面板中。

选择"选择工具" ，选取"库"面板中的一个或多个对象，单击面板中的"删除库项目"按钮 或单击面板右上方 图标，在弹出菜单中选择"删除项目"命令，即可从库中删除对象。

6.6 图形图像的基本概念

InDesign CS4的主要功能是进行图文的混排，但它本身并不能进行复杂图像的处理工作。要进行图文混排首先必须将图像置入到出版物中，在置入图像的过程中还必须了解有关图像类型、图像分辨率和图像格式的基本概念。

1. 矢量图和位图

在使用计算机绘图时，一般会应用到两种图像，即位图图像和矢量图形。在InDesign CS4软件中，不但可以制作出各式各样的矢量图像，还可以导入位图图像进行编辑。

矢量图形又称为向量图形，内容以线条和颜色块为主。由于其线条的形状、位置、曲率和粗细都是通过数学公式进行描述和记录，因而矢量图形与分辨率无关，能以任意大小进行输出，不会遗漏细节或降低清晰度，更不会出现锯齿状的边缘现象。而且图像文件所占的磁盘空间也很少，非常适合网络传输。网络上流行的**Flash**动画采用的就是矢量图形格式。矢量图形在标志设计、插图设计，以及工程绘图上占有很大的优势。绘制的矢量图形如图6-66所示。

位图图像又称为点阵图像，是由许许多多的点组成的，这些点我们称之为像素。这些不同颜色的点按一定次序进行排列，就组成了色彩斑斓的图像。当把位图图像放大到一定程度显示，在计算机屏幕上就可以看到一个个的小色块，这些小色块就是组成图像的像素。位图图像就是通过记录下每个点（像素）的位置和颜色信息来保存图像的，因此图像的像素越多，每个像素的颜色信息越多，该图像文件也就越大，如图6-67所示。后缀名为**PSD**、**JPG**、**TIF**、**GIF**、**BMP**等的文件都是位图文件。

图6-66　矢量图形　　　　　　　　　　　　　图6-67　位图图像

2. 位图的分辨率

位图分辨率即图像中每单位长度含有的像素数目，通常用像素/英寸表示。分辨率为72像素/英寸的1×1英寸的图像总共包含5184个像素（72像素宽×72像素高=5184）。同样是1×1英寸，但分辨率为300像素/英寸的图像却总共包含了90 000个像素。因此，分辨率高的图像比相同打印尺寸的低分辨率图像包含更多的像素，因而图像更清楚更细腻。分辨率也并不是越大越好，分辨率越大，图像文件也就自然越大，在处理时所需的内存和CPU处理时间也就越多。当位图图像在屏幕上以较大的放大倍数显示，或以过低的分辨率打印时，大家就会看见锯齿状的图像边缘。因此，在制作和处理位图图像之前，应首先根据输出的要求，调整好图像的分辨率。不同分辨率的图像如图6-68所示。

图6-68　不同分辨率的图像

要正确使用图像分辨率，应考虑图像的最终用途，根据用途的不同应该对图像设置不同的分辨率。如果所制作的图像用于网络，分辨率只需满足典型的显示器分辨率（72或96dpi）即可；如果图像用于打印、输出，则需要满足打印机或其他输出设备的要求；如果图像用于印刷，图像分辨率应不低于300dpi。

3. 图像的格式

· AI格式：Illustrator软件创建的矢量图格式。AI文件可以直接置入InDesign版面中，也可以用拖放或拷贝的方法置入，将其作为可编辑对象。从Illustrator中复制的对象，可以粘贴到InDesign文档中，并可以使用工具编辑对象的颜色。

· EPS格式："Encapsulated PostScript"首字母的缩写。EPS可以说是一种通用的行业标准格式，可同时包含像素信息和矢量信息。除了多通道模式的图像之外，其他模式都可存储为EPS格式，但是它不支持Alpha通道。EPS格式可以支持剪贴路径，可以产生镂空或蒙版效果。

· TIFF格式：印刷行业标准的图像格式，通用性很强，几乎所有的图像处理软件和排版软件都提供了很好的支持，因此广泛用于程序之间和计算机平台之间进行图像数据交换。TIFF格式支持RGB、CMYK、Lab、索引颜色、位图和灰度颜色模式，并且在RGB、CMYK和灰度三种颜色模式中还支持使用通道、图层和路径。

· PSD格式：Adobe Photoshop软件内定的格式，也是Photoshop新建和保存图像文件默认的格式。PSD格式是唯一可支持所有图像模式的格式，并且可以存储在Photoshop中建立的所有图层、通道、参考线、注释和颜色模式（历史记录除外）等信息，这样下次继续进行编辑时就会非常方便。因此，对于没有编辑完成，下次需要继续编辑的文件最好保存为PSD格式。当然，PSD格式也有缺点，由于保存的信息较多，相比其他格式的图像文件而言，PSD保存时所占用的磁盘空间要大得多。此外，由于PSD是Photoshop的专用格式，许多软件（特别是排版软件）都不能直接支持，因此，在图像编辑完成之后，应将图像转换为兼容性好并且所占用磁盘空间小的图像格式，如TIFF、JPG格式。

· GIF格式：一种非常通用的图像格式，由于最多只能保存256种颜色，且使用LZW压缩方式压缩文件，因此GIF格式保存的文件非常轻便，不会占用太多的磁盘空间，非常适合Internet上的图片传输。在保存图像为GIF格式之前，需要将图像转换为位图、灰度或索引颜色等颜色模式。GIF采用两种保存格式，一种为"正常"格式，可以支持透明背景和动画格式；另一种为"交错"格式，可让图像在网络上以由模糊逐渐转为清晰的方式显示。

· JPEG格式：一种高压缩比的、有损压缩真彩色图像文件格式，其最大特点是文件比较小，可以进行高倍率的压缩，因而在注重文件大小的领域应用广泛，比如网络上的绝大部分要求高颜色深度的图像都是使用JPEG格式。JPEG格式是压缩率最高的图像格式之一，这是由于JPEG格式在压缩保存的过程中会以失真最小的方式丢掉一些肉眼不易查觉的数据，因此保存后的图像与原图会有所差别，没有原图像的质量好，一般在印刷、出版等高要求的场合不宜使用。JPEG格式支持CMYK、RGB和灰度的颜色模式，但不支持Alpha通道。在JPEG格式图像保存选项对话框中的"图像选项"栏中可选择图像的压缩品质和压缩大小，图像品质越高，压缩比率就会越小，图像文件也就越大。若选中"预览"选项，在"大小"栏可查看保存后的文件大小和在指定的网速下下载该图像所需的时间。

· PDF格式：Adobe PDF是Adobe公司开发的一种跨平台的通用文件格式，能够保存任何源文档的字体、格式、颜色和图形，而不管创建该文档所使用的应用程序和平台，Adobe Illustrator、Adobe PageMaker和Adobe Photoshop程序都可直接将文件存储为PDF格式。Adobe PDF文件为压缩文件，任何人都可以通过免费的Acrobat Reader程序进行共享、查看、导航和打印。PDF格式除支持RGB、Lab、CMYK、索引颜色、灰度和位图颜色模式外，还支持通道、图层等数据信息。

· BMP格式：Windows平台标准的位图格式，使用非常广泛，一般的软件都提供了非常好的支持。BMP格式支持RGB、索引颜色、灰度和位图颜色模式，但不支持Alpha通道。保存位图图像时，可选择文件的格式（Windows操作系统或OS苹果操作系统）和颜色深度（1～32位），对于4～8位颜色深度的图像，可选择RLE压缩方案，这种压缩方式不会损失数据，是一种非常稳定的格式。BMP格式不支持CMYK颜色模式的图像。

· PNG格式：Portable Network Graphics（轻便网络图形）的缩写，是Netscape公司专为互联网开发的网络图像格式，不同于GIF格式图像的是，它可以保存24位的真彩色图像，并且支持透明背景和消除锯齿边缘的功能，可以在不失真的情况下压缩保存图像，但由于并不是所有的浏览器都支持PNG格式，所以该格式的使用范围没有GIF和JPEG广泛。PNG格式在RGB和灰度颜色模式下支持Alpha通道，但在索引颜色和位图模式下不支持Alpha通道。

· RAW格式：RAW格式的图像可以在不同的平台上由不同的应用程序使用。这种格式支持带Alpha通道的CMYK、RGB和灰度颜色模式，以及不带Alpha通道的多通道、Lab、索引颜色和双色调模式。

6.7 实例：宣传彩页设计（置入图像）

"置入"命令是将图像导入InDesign中的主要方法，因为它可以在分辨率、文件格式、多页面PDF文件和颜色方面提供最高级别的支持。如果所创建文档并不十分注重这些特性，则可以通过复制和粘贴操作将图形置入InDesign中，粘贴操作是将图形嵌入文档中，指向原始图形文件的链接将断开，因此无法通过原始文件更新图形。

下面将以本节的"宣传彩页设计"为例，详细讲解如何置入图像。宣传彩页效果如图6-69所示。

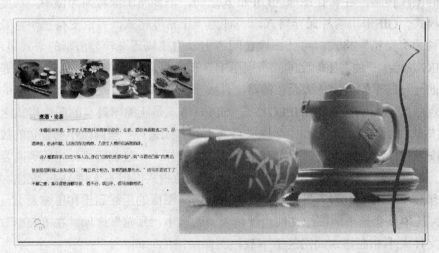

图6-69 宣传彩页效果图

1. 直接置入图像

（1）按Ctrl+N快捷键，新建文件，尺寸为400mm×210mm。

（2）执行"文件"|"置入"命令，打开"置入"对话框，在打开的对话框中选择"茶1.tif"文件，如图6-70所示。单击"打开"按钮，在页面中单击鼠标置入图像。

（3）执行"文件"|"置入"命令，打开"置入"对话框，在打开的对话框中选择"茶2.tif"文件，勾选"显示导入选项"复选框，单击"打开"按钮，打开"图像导入选项"对话框，如图6-71所示。设置需要的选项，单击"确定"按钮，即可置入图像。如果未选择"显示导入选项"复选框，则InDesign CS4将应用默认设置或上次置入该类型的图形文件时使用的设置。

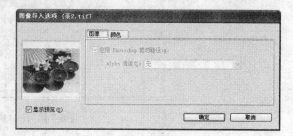

图6-70　"置入"对话框　　　　　　　　图6-71　"图像导入选项"对话框

 用户可以在"置入"对话框中选择多个图像后单击"打开"按钮，此时鼠标指针上会显示已准备就绪可以导入的图像的数量，依次在页面中单击添加图像即可。

（4）在InDesign CS4中，当对象呈选取状态时，在对象的周围会出现限位框（又称为外框），限位框是代表对象水平和垂直尺寸的矩形框。选择"直接选择工具" ，当鼠标置于图片之上时，"直接选择工具"会自动变为"抓手工具" ，在限位框内单击，可选取限位框内的图片，按住鼠标左键拖动图片到适当的位置，松开鼠标，则只移动图片，限位框没有移动，如图6-72所示。

2. 在对象中置入图像

（1）在页面中绘制矩形，选择"选择工具" 选取矩形，如图6-73所示。执行"文件"|"置入"命令，打开"置入"对话框，在打开的对话框中选择"茶3.tif"文件，单击"打开"按钮，效果如图6-74所示。

图6-72　移动限位框内的图片

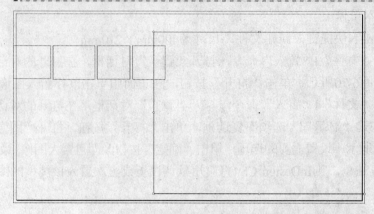

图6-73　绘制、选取矩形

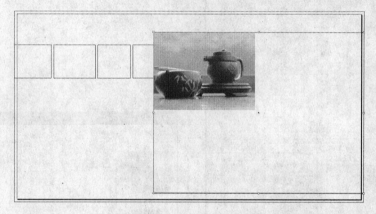

图6-74　在对象中置入图像

（2）在置入图像以后，执行"对象"｜"适合"命令，在弹出的子菜单中列出了可供调整置入图像与框架位置关系的所有命令，选择"使内容适合框架"命令，如图6-75所示。页面效果如图6-76所示。

 在InDesign CS4中可以将图像置入到某个特定的路径、图形或框架对象中，在置入图像后，不论是路径还是图形都会被系统转换为框架，如图6-77所示。

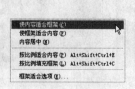

图6-75　使内容适合框架

图6-76　页面效果

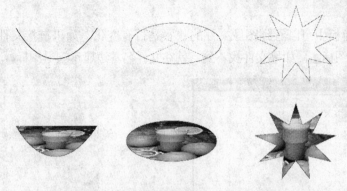

图6-77　在路径、图形和框架中置入图像

（3）参照上述方法置入其他图像，输入文字，完成宣传彩页的制作，按Ctrl+S快捷键，保存为"宣传彩页.indd"。

6.8　图像的链接和嵌入

当在出版物中置入了一幅图像以后，该图像的原始文件并没有被复制到出版物中，仅在页面中添加了一个以屏幕分辨率显示的版本供用户查看，同时在原始文件和置入图像之间创建了一个链接。只有在导出或打印时，InDesign CS4才使用链接来查找原始图像，以原始图像的分辨率进行最终的输出。

1.　"链接"面板

所有置入的文件都会被列在"链接"面板中。执行"窗口"|"链接"命令，打开"链接"面板，如图6-78所示。

在"链接"面板中，单击某个链接文件的名称就可选中该链接，选中后单击面板底部的"转到链接"按钮，可以切换到该链接文件所在的页面进行显示；双击某个链接文件的名称，可以打开"链接信息"面板，查看所有链接文件的原始信息，如图6-79所示。

图6-78　"链接"面板

图6-79　"链接信息"面板

2.　替换链接

要对已有的链接进行替换，可以在"链接"面板中选中该链接，然后单击面板底部的"重新链接"按钮，打开"重新链接"对话框，从中选中替换的文件后单击"打开"按钮，完成替换，如图6-80所示。

3. 更新链接

在"链接"面板中可以看到图像文件的状态是否有变化，如果链接文件被修改过，则在右侧显示一个叹号图标⚠，如果文件找不到，就在文件名左边显示问号图标❓，如图6-81所示。

图6-80 "重新链接"对话框

图6-81 "链接"面板中根据文件的状态显示的图标

要更新修改过的链接，可以在"链接"面板中选中一个或多个带有"已修改的链接文件"图标⚠的链接，单击面板底部的"更新链接"按钮，或者单击面板右上方图标，在弹出菜单中选择"更新链接"命令即可完成链接的更新。

4. 恢复链接

要恢复丢失的链接，可以在"链接"面板中，选中一个或多个带有"缺失链接文件"图标❓的链接，单击面板底部的"重新链接"按钮，或者单击面板右上方图标，在弹出菜单中选择"重新链接"命令，打开"定位"对话框，重新对文件进行定位后，单击"打开"按钮完成对丢失链接的恢复操作。

5. 在原始应用程序中修改链接

在"链接"面板中选取一个链接文件，单击面板底部的"重新链接"按钮，或者单击面板右上方图标，在弹出菜单中选择"编辑原稿"命令，打开并编辑原文件，然后保存并关闭原文件。

6. 嵌入文件

嵌入一个链接文件可以将文件存储在出版物中，但是嵌入后会增大出版物的存储容量，而且出版物中的嵌入文件也不再随外部原文件的更新而更新。

在"链接"面板中选中某个需要嵌入的链接文件后，单击面板右上方图标，在弹出菜单中选择"嵌入链接"命令，即可将所选的链接文件嵌入到当前出版物中，在完成嵌入的链接文件名的后面会显示"嵌入"图标，如图6-82所示。

要取消链接文件的嵌入，可以在"链接"面板中选中一个或多个嵌入的文件，单击右上方图标，在弹出菜单中选择"取消嵌入链接"命令，打开Adobe InDesign提示框，提示用户是否要链接至原文件，如图6-83所示。

在该提示框中单击"是"按钮，直接取消链接文件的嵌入并链接至原文件；单击"取消"按钮，将放弃取消链接文件的嵌入；单击"否"按钮，将打开"选择文件夹"对话框，供用户选择将当前的嵌入文件作为链接文件的原文件所存放的目录，如图6-84所示。

图6-82　嵌入文件

图6-83　Adobe InDesign提示框　　　　　图6-84　"选择文件夹"对话框

6.9　实例：我的照片（剪切图像）

在置入图像以后，可以对图像的可见范围进行控制，在InDesign CS4中有多种对图像进行剪切的方法。

下面将以本节的"我的照片"为例，详细讲解如何剪切图像，效果如图6-85所示。

图6-85　"我的照片"效果

1. 利用框架剪切

由于在InDesign CS4中置入的图像一定是在框架中进行的，通过选择"选择工具" 和"直接选择工具" ，利用框架对置入的图像进行剪切。

选择"选择工具" 选取置入的照片图像后，通过调整框架四周的8个控制点可以剪切得到图像的不同部分；使用"直接选择工具" 选中置入图像的框架后，单击选中某个框架控制点，通过调整被选中控制点的位置，可对置入的图像进行不规则的剪切，如图6-86所示。

图6-86　利用框架对置入的图像进行剪切

2. 不规则剪切

利用InDesign CS4的"铅笔工具"或"钢笔工具"绘制的路径，可以使置入的图像产生不规则的剪切效果。

（1）选择"选择工具" ▶选取置入的照片图像后，执行"编辑"|"剪切"命令，将图像剪切至剪贴板上。选中路径，执行"编辑"|"贴入内部"命令即可将图像粘贴入绘制的路径中，形成剪切效果，如图6-87所示。

（2）选择"直接选择工具" ▶，当鼠标置于图片之上时，"直接选择工具"会自动变为"抓手工具" ✋，在图框内单击，按住鼠标左键拖动图片到适当的位置，松开鼠标，如图6-88所示。

图6-87　利用路径实现不规则剪切　　　　　　　　图6-88　移动图像

3. 利用角效果剪切

利用InDesign CS4的角效果也可以使图像产生剪切效果。

选择"选择工具" ▶选取置入的照片图像后，执行"对象"|"角选项"命令，在打开的"角选项"对话框中设置一种效果和效果的大小后，使图像得到相应的剪切效果，如图6-89所示。

图6-89　利用角效果实现剪切效果

课后练习

1. 绘制如图6-90所示的风景插画。

图6-90　风景插画

要求：

（1）编辑对象。

（2）调整图形排列顺序、图形对齐和分布。

（3）群组对象。

2. 制作"阳光宝宝"剪切图像，效果如图6-91所示。

要求：

（1）置入图像。

（2）应用"链接"面板。

（3）剪切图像。

图6-91　阳光宝宝

第7课

制 作 表 格

本课知识结构

表格是排版软件中最常见的组成元素之一，使用表格给人一种直观、明了的感觉。InDesign CS4提供了方便灵活的表格功能，不仅可以创建表格、方便地编辑表格、设置表格式、设置单元格格式，还可以从Word或Excel文件中导入表格。在本课中，编者将通过一系列相关实例，来讲述表格的制作。

就业达标要求

☆ 创建表 ☆ 掌握如何设置表格样式
☆ 正确使用表格的各项功能

7.1 实例：技术参数表格（创建表）

InDesign CS4不仅具有强大的绘图功能，而且还具有强大的表格编辑功能。表是由成行和成列的单元格组成的。单元格类似于文本框架，可在其中添加文本、定位框架或其他表。

下面以创建技术参数表格为例，为读者详细介绍创建及编辑表的方法，完成效果如图7-1所示。

龙柴公司柴油机主要技术参数						
客车专用发动机系列						
排放	缸数	名称	额定功率	最大扭矩	排量	缸径
国	6 缸	6SF1	191 240	830 990	7.7	110
		6SF2	170 210	580 690	7.13	110
国	6 缸	6SF2 19NE4	140	690	7.13	110
		6SF2 21NE4	155	750	7.13	110
卡车专用发动机系列						
排放	缸数	名称	额定功率	最大扭矩	排量	缸径
国	4 缸	4DF	96 125	450 600	4.751	110
		4DL	136 151	650 780	5.133	110
	6 缸	6DF	132 177	680 940		107
		6DL	197 272	1050 1500	7.7 8.6	110 112
		6DN	287 309	1750 1900	12.5	131

图7-1 完成效果

1. 创建表

（1）在InDesign CS4中，执行"文件" | "新建" | "文档"命令，打开"新建文档"对

话框，如图7-2所示，单击"新建文档"对话框底部的"边距和分栏"按钮，弹出"新建边距和分栏"对话框，参照图7-3所示设置对话框参数，单击"确定"按钮，创建一个新文档。

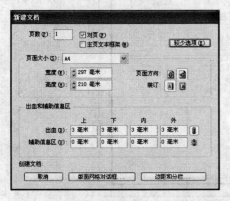

图7-2 "新建文档"对话框

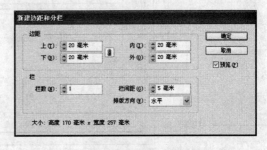

图7-3 新建文档

（2）选择工具箱中的"文字工具" T，在视图中绘制一个大小和内边框相等的文本框，如图7-4所示。

（3）如图7-5所示，在视图中输入文本"龙柴公司柴油机主要技术参数"和"客车专用发动机系列"，设置文本位置和格式。

（4）使用"文字工具" T在文本"客车专用发动机系列"右侧单击，确定插入点位置。执行"表"|"插入表"命令，打开"插入表"对话框，参照图7-6所示设置参数，单击"确定"按钮，得到如图7-7所示的效果。

图7-4 绘制文本框

图7-5 添加文字

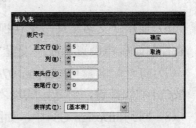

图7-6 "插入表"对话框

下面介绍"插入表"对话框中各个选项的含义。

· 正文行：用于设置表格中需要填写的部分所占的行数。

· 列：用于设置表格的总列数。

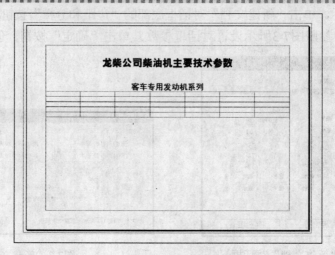

图7-7　插入表

- 表头行：用于设置表格开始处，提供表格栏目所占的行数。
- 表尾行：用于设置表格结束处，提供总结性栏目所占的行数。
- 表样式：如果设置了表样式，则可以选择预设样式进行使用。

（5）如图7-8所示，使用"文字工具" 在表中输入相关文字信息。

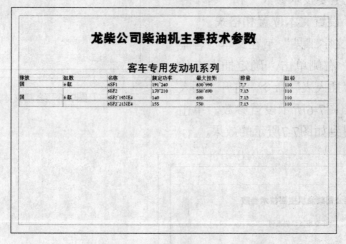

图7-8　添加相关文字信息

（6）使用"文字工具" 在视图中继续输入文本"卡车专用发动机系列"，如图7-9所示，在控制面板中设置参数，设置文本格式。

（7）打开配套素材/Chapter-07/"技术参数表格.txt"文件，如图7-10所示，选中全部文本，按Ctrl+C快捷键，将选中的文本复制。

（8）回到InDesign CS4中，如图7-11所示，在页面中单击确定插入点位置，按Ctrl+V快捷键，将复制的文本粘贴到页面中。

（9）如图7-12所示，将复制的文本选中，执行"表"|"将文本转换为表"命令，将复制的文本转换为表格。

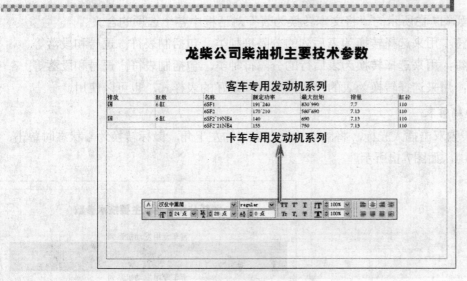

图7-9 添加文本

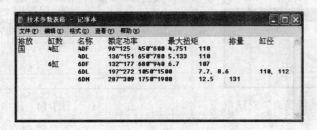

图7-10 复制参数

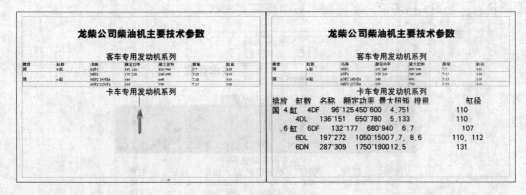

图7-11 粘贴文本

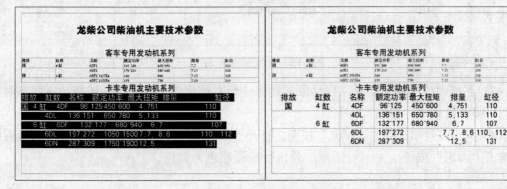

图7-12 将文本转换为表

下面介绍如图7-13所示的"将文本转换为表"对话框中各个选项的含义。

- 列分隔符：用来选择转换为表后列的分隔符种类，包括制表符、逗号和段落等。
- 行分隔符：用来选择转换为表后行的分隔符种类，包括制表符、逗号和段落等。
- 表样式：用来选择转换为表的样式，如有预设好的表样式，也可以使用。

2. 选择和编辑表

（1）在表内双击插入光标，将鼠标放置在表格的左上角，鼠标转换为↘状态时单击，将整个表格选中，如图7-14所示。

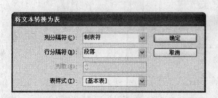

图7-13　"将文本转换为表"对话框　　　　　　　图7-14　选中表

（2）保持表格选中状态，单击工具箱底部的"格式针对文本"按钮 **T**，使文本为当前可编辑状态。如图7-15所示，在控制面板中设置文本格式。

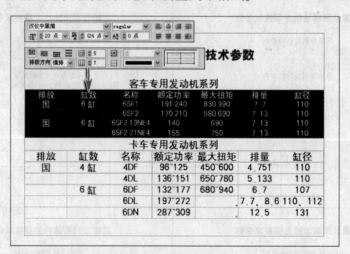

图7-15　设置文本格式

（3）在表内单击插入光标，移动鼠标到第一行左侧位置，鼠标指针转换为➡状态时单击，即可将该行选中，如图7-16所示。

（4）双击工具箱底部的"填充"按钮，打开"拾色器"对话框，如图7-17所示，设置颜色，单击"确定"按钮，关闭对话框，为该行设置底色为蓝色。

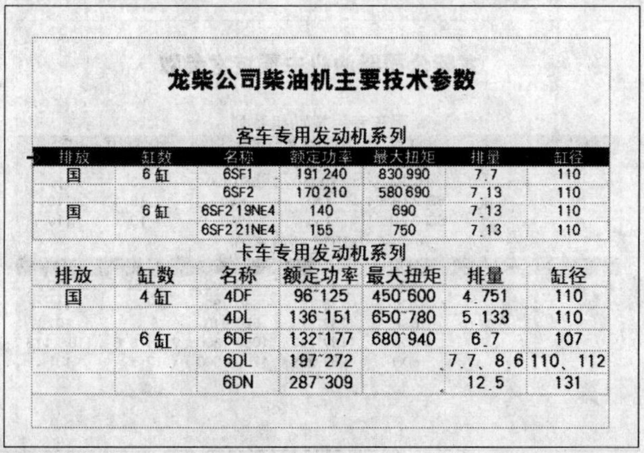

图7-16 选中行

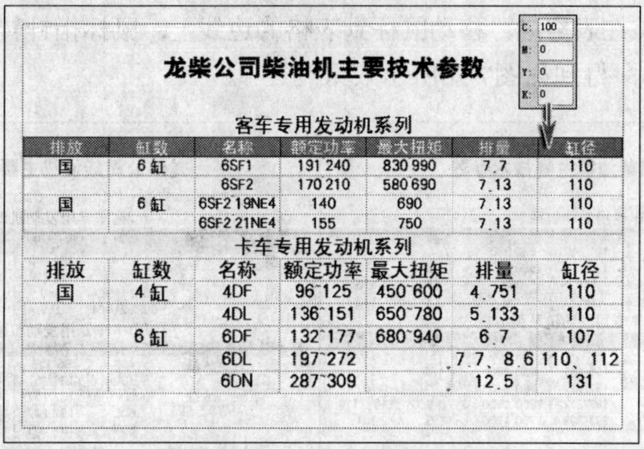

图7-17 设置表格底色

（5）保持行被选中的状态，单击工具箱底部的"格式针对文本"按钮 **T**，使文本为当前编辑状态。如图7-18所示，在控制面板中设置文本格式。

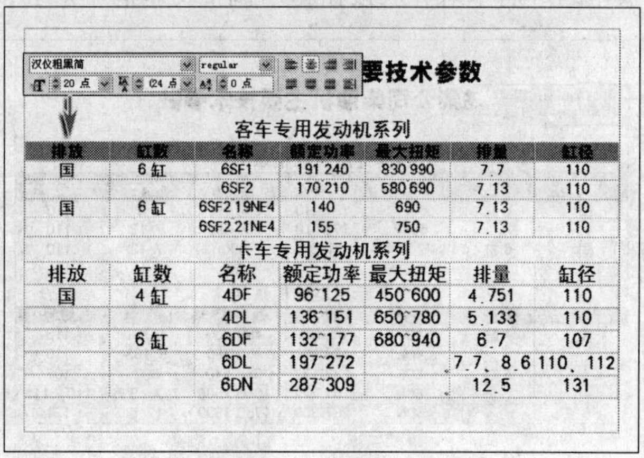

图7-18 设置文本格式

（6）使用同步骤（1）～步骤（5）相同的方法，对另一个表格进行编辑，得到图7-19所示效果。

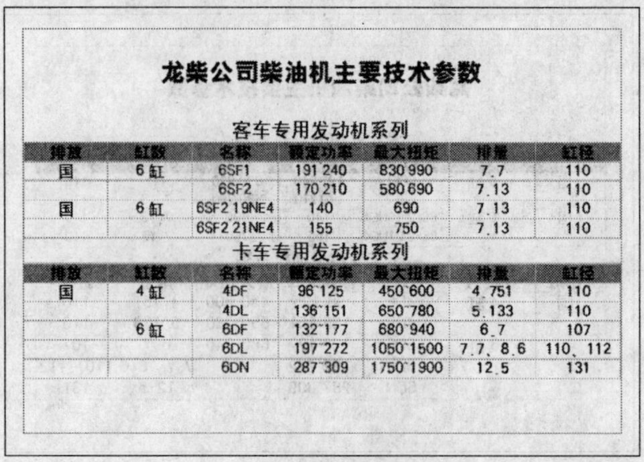

图7-19　编辑表

（7）确定插入点在表格内，移动鼠标到表格的边线上，鼠标指针转换为 ↕ 状态时拖动，可以调整表格的大小，得到如图7-20所示效果。

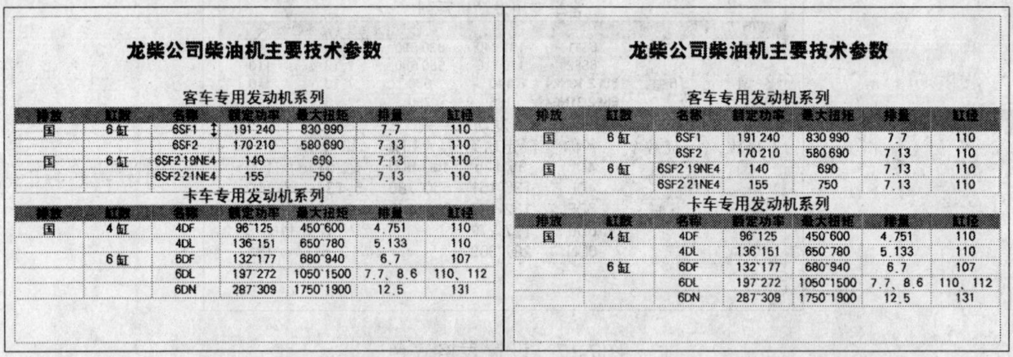

图7-20　调整表格大小

（8）如图7-21所示，将表格中的第一行选中，单击工具箱底部的"格式针对文本"按钮 **T**，然后单击控制面板中的"居中对齐"按钮，调整文本居中对齐。

图7-21　设置文本格式

（9）使用同步骤（7）和步骤（8）相同的方法，继续为另一个表格设置行高，得到如图7-22所示效果。

龙柴公司柴油机主要技术参数

排放	缸数	名称	额定功率	最大扭矩	排量	缸径
客车专用发动机系列						
国	6 缸	6SF1	191 240	830 990	7.7	110
		6SF2	170 210	580 690	7.13	110
国	6 缸	6SF2 19NE4	140	690	7.13	110
		6SF2 21NE4	155	750	7.13	110
卡车专用发动机系列						
排放	缸数	名称	额定功率	最大扭矩	排量	缸径
国	4 缸	4DF	96~125	450~600	4.751	110
		4DL	136~151	650~780	5.133	110
	6 缸	6DF	132~177	680~940	6.7	107
		6DL	197~272	1050~1500	7.7、8.6	110、112
		6DN	287~309	1750~1900	12.5	131

图7-22 设置表格大小

3. 导入表

在InDesign CS4中，可以通过置入命令导入表。具体操作时，执行"文件"|"置入"命令，就可置入Microsoft Excel或Microsoft Word中的表格（在此以置入Microsoft Excel中的表格为例），在"置入"对话框中选择要置入的表格文件，勾选"显示导入选项"复选框，单击"打开"按钮，弹出"Microsoft Excel导入选项"对话框，如图7-23所示。

• 工作表：指定要导入的表格。

• 视图：指定是导入任何存储的自定或个人视图，还是忽略这些视图。

• 单元格范围：指定单元格的范围，使用比例符号（:）来指定范围（如A1:D6）。如果工作表中存在指定的范围，则在"单元格范围"下拉列表框中将显示这些名称。

• 导入视图中未保存的隐藏单元格：选择此复选框将导入格式化为Excel电子表格中隐藏单元格的任何单元格。

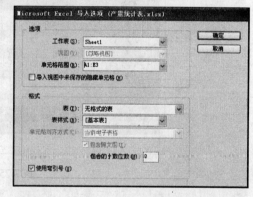

图7-23 "Microsoft Excel导入选项"对话框

• 表：指定电子表格信息在InDesign CS4文档中显示的方式。如果选择"有格式的表"选项，则保留Excel中用到的相同格式，但单元格中的文本格式可能不会保留；选择"无格式的表"选项，导入的表格将显示为不带格式的文本；选择"无格式制表符分隔文本"选项，导入的表格将显示为无格式的制表符分隔文本。

• 单元格对齐方式：当在"表"下拉列表框中选择"有格式的表"选项时，指定导入文档的单元格对齐方式。

• 包含随文图：当在"表"下拉列表框中选择"有格式的表"选项时，可以选择此复选框将表导入到InDesign CS4中，同时保留Excel文档的随文图形。

• 包含的小数位数：指定小数位数。仅当选中"单元格对齐方式"下拉列表框时该选项才可用。

• 使用弯引号：选择此复选框，可以确保导入的文本使用中文左右引号（" "）和撇号（' ）。

单击"确定"按钮后，会弹出表格的置入进度对话框，如图7-24所示，待完成后，表格就导入成功，用户可以在视图中观察到导入结果。

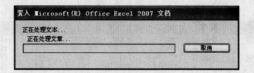

图7-24　置入进度对话框

7.2　实例：浩触衣服尺寸表（使用表格）

InDesign CS4提供了全面的表格格式化功能，如调整行和列的大小、合并和拆分单元格、设置表中文字格式、设置单元格内边距等。此外，用户可以通过多种方式将描边（即表格线）和填色添加到表中。

下面将通过制作浩触衣服尺寸表来介绍如何具体使用表格中的各项功能，效果如图7-25所示。

图7-25　完成效果

1. 合并单元格

（1）执行"文件"｜"打开"命令，打开配套素材/Chapter-07/"素材.indd"文件，如图7-26所示。

图7-26　打开素材文件

（2）在页面中双击插入光标，执行"表"|"插入表"命令，打开"插入表"对话框，如图7-27所示，设置对话框参数，单击"确定"按钮，关闭对话框，得到图7-28所示效果。

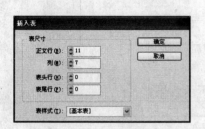

图7-27 "插入表"对话框

图7-28 插入表

（3）如图7-29所示，使用"文字工具" T 在表中输入相关文字信息。

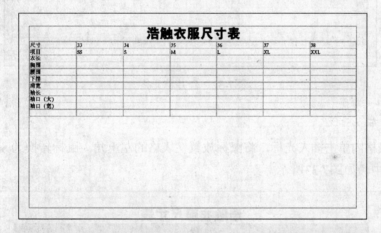

图7-29 添加文字

（4）如图7-30所示，将表格内最后一行选中，执行"表"|"合并单元格"命令，将选中的最后一行单元格合并。

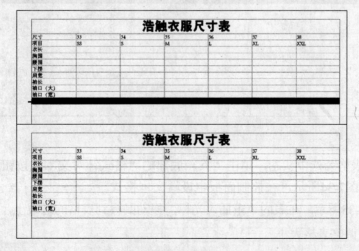

图7-30 合并单元格

（5）使用"文字工具" 在表格最后一行输入相关文字信息，如图7-31所示。

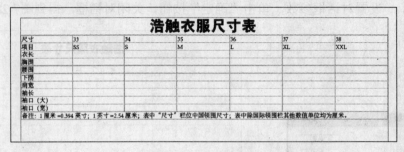

图7-31　添加文字

（6）使用相同的方法继续合并单元格，得到图7-32所示效果。

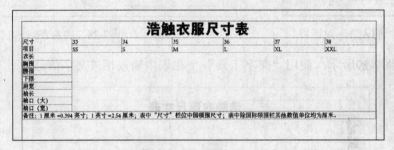

图7-32　合并单元格

2. 均匀分布

（1）在表格内单击插入光标，将鼠标放置在表格的左上角，鼠标转换为 状态时单击，将整个表格选中，如图7-33所示。

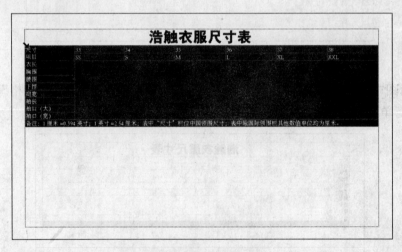

图7-33　选中表格

（2）保持表格为选中状态，单击工具箱底部的"格式针对文本"按钮 **T**，使文本为当前编辑状态。如图7-34所示，在控制面板中设置文本格式。

（3）如图7-35所示，在表内单击插入光标，移动鼠标到表格的边线上，鼠标指针转换为 状态时拖动，调整表格大小。

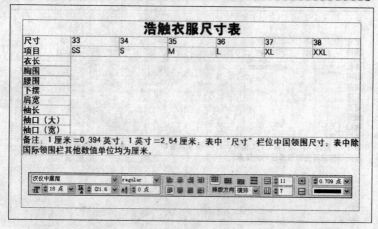

图7-34　设置文本格式

图7-35　调整表格大小

（4）拖动鼠标将表格中的第一行和第二行选中，执行"表"|"均匀分布行"命令，将选中的行均匀分布，如图7-36所示。

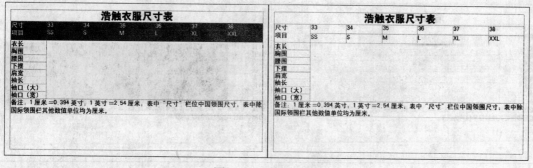

图7-36　均匀分布行

3. 嵌套式表格

（1）如图7-37所示，在合并的单元格中插入光标。

（2）执行"表"|"插入表"命令，打开"插入表"对话框，如图7-38所示，设置对话框参数，单击"确定"按钮后插入表，得到如图7-39所示效果。

（3）如图7-40所示，调整插入的表格大小，执行"表"|"均匀分布行"命令，将表格内的行均匀分布。

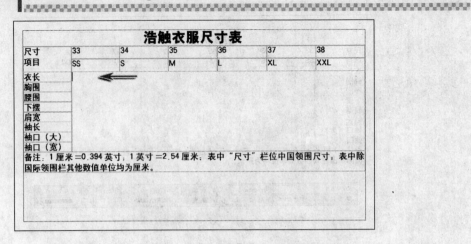

图7-37　插入光标

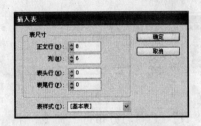

图7-38　"插入表"对话框

图7-39　插入表

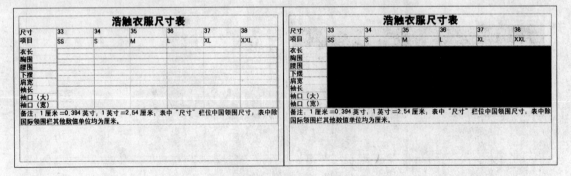

图7-40　均匀分布行

　　（4）使用"文字工具" T 在插入的表格内输入相关文字信息，然后在控制面板中设置文本格式，得到图7-41所示效果。

　　4. 设置表的格式

　　（1）将全部表格选中，执行"表"|"单元格选项"命令，打开"单元格选项"对话框，如图7-42和图7-43所示，设置对话框参数，单击"确定"按钮，关闭对话框。

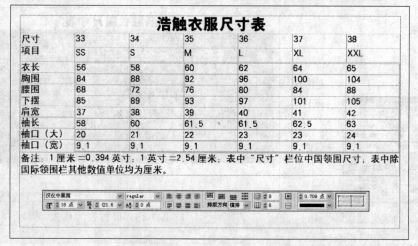

图7-41 添加文字

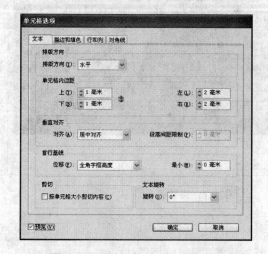

图7-42 "单元格选项"对话框

图7-43 设置单元格选项

卜面介绍"单元格选项"对话框中各个选项的含义。

• 文本：用来设置单元格内文本的格式。

• 描边和填色：用来设置所选单元格的描边和填充颜色。

• 行和列：用来设置单元格行和列具体的一些参数，如行高、列宽等。

• 对角线：设置单元格内部是否有对角线，并且可以设置对角线一系列的对应属性。

（2）选中嵌入的表格，执行"窗口"|"文字和表"|"表"命令，打开"表"面板，如图7-44所示，设置面板参数来设置表的格式，得到图7-45所示效果。

（3）移动光标到插入表格的前面，如图7-46所示，在"表"面板中设置表的格式，得到如图7-47所示效果。

（4）移动光标到最后一个单元格中，执行"表"|"单元格选项"命令，打开"单元格选项"对话框，如图7-48所示，设置对话框参数，单击"确定"按钮，关闭对话框，得到图7-49所示效果。

图7-44　"表"面板

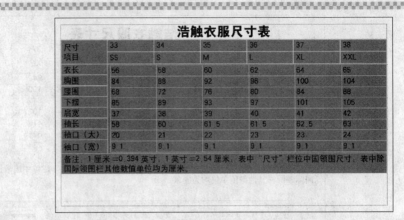

图7-45　设置表的格式

图7-46　"表"面板

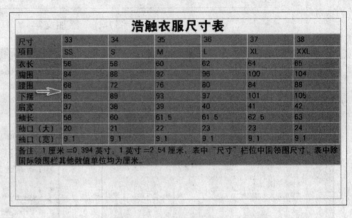

图7-47　设置表的格式

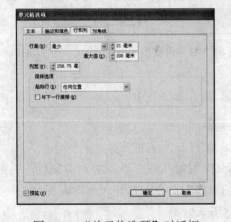

图7-48　"单元格选项"对话框

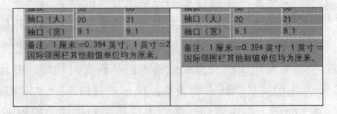

图7-49　设置单元格选项

（5）将表格内的第一个单元格选中，执行"表"|"单元格选项"命令，打开"单元格选项"对话框，如图7-50所示，设置对话框参数，单击"确定"按钮完成设置，然后参照图7-51所示设置文本位置。

（6）如图7-52所示，设置表中的文字颜色为白色，设置数字文本居中显示。

（7）在嵌入的表格中插入光标，执行"表"|"表选项"|"表设置"命令，打开"表选项"对话框，如图7-53、图7-54和图7-55所示，设置对话框参数，单击"确定"按钮完成设置，得到图7-56所示效果。

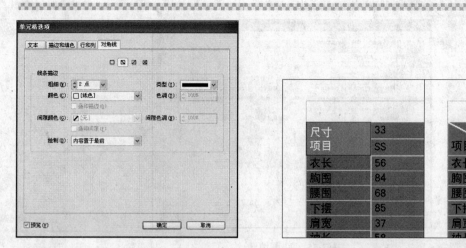

图7-50 "单元格选项"对话框

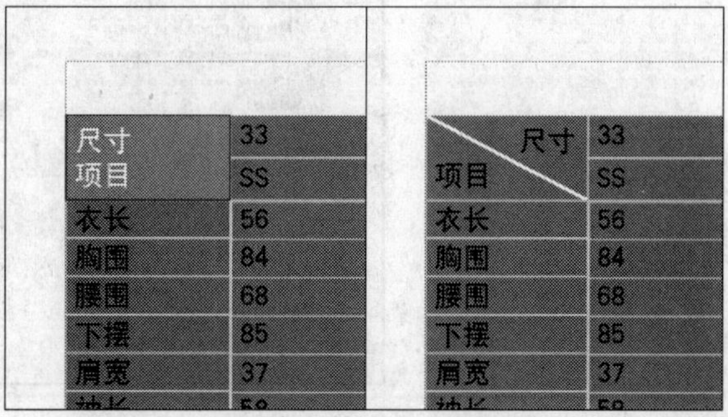

图7-51 添加对角线

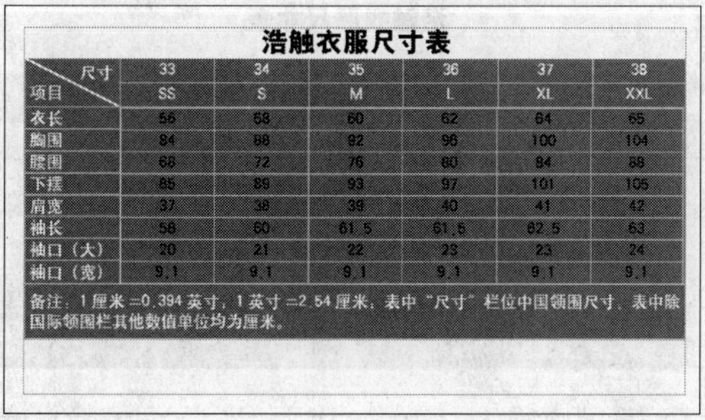

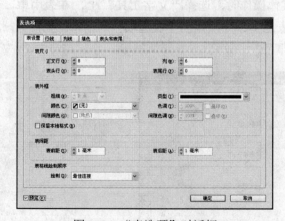

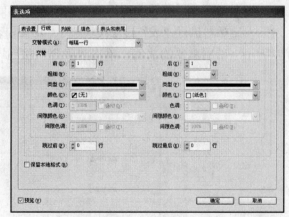

图7-52 设置文本颜色

图7-53 "表选项"对话框

图7-54 设置行数

5. 添加表头和表尾

在使用表格的过程中，可以将现有行转换为表头行或表尾行。具体操作时，选择"文字工具"T，在表中要创建表头行的位置单击插入光标，执行"表"|"转换行"|"到表头"/"到表尾"命令，就可将现有行转换为表头行或表尾行。

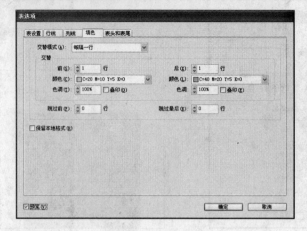

图7-55　设置填色

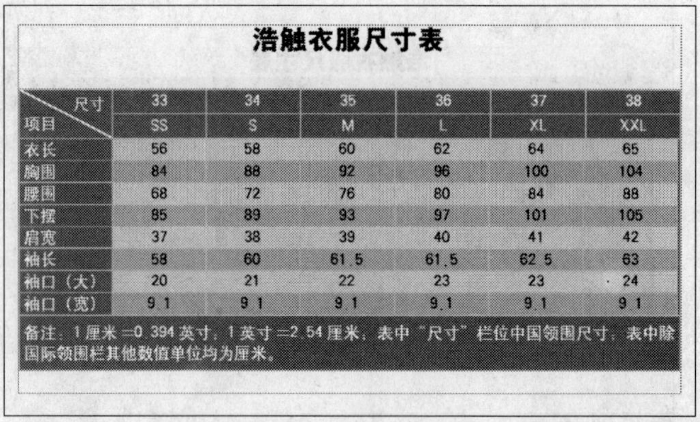

浩触衣服尺寸表					
尺寸	33	34	35	36	37	38
项目	SS	S	M	L	XL	XXL
衣长	56	58	60	62	64	65
胸围	84	88	92	96	100	104
腰围	68	72	76	80	84	88
下摆	85	89	93	97	101	105
肩宽	37	38	39	40	41	42
袖长	58	60	61.5	61.5	62.5	63
袖口（大）	20	21	22	23	23	24
袖口（宽）	9.1	9.1	9.1	9.1	9.1	9.1
备注：1厘米=0.394英寸，1英寸=2.54厘米；表中"尺寸"栏位中国领围尺寸。表中除国际领围栏其他数值单位均为厘米。						

图7-56　设置表效果

此外，还可以更改表头行或表尾行选项。具体操作时，选择"文字工具"T，在表中单击插入光标，执行"表"|"表选项"|"表头和表尾"命令，弹出"表选项"对话框，如图7-57所示，设置需要的数值，单击"确定"按钮即可。

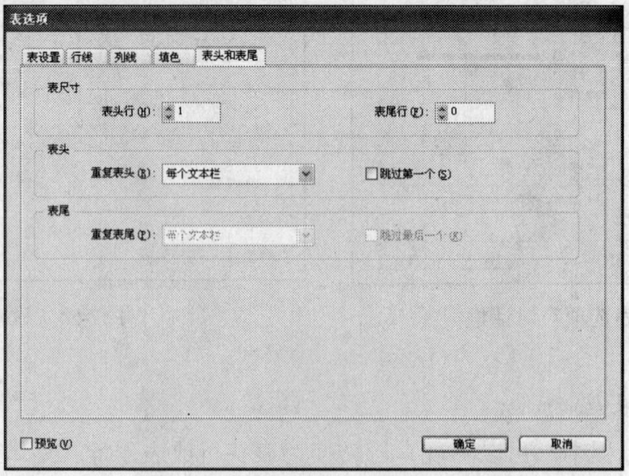

图7-57　"表选项"对话框

7.3 实例：游戏配件升级表（表格样式）

像使用段落样式和字符样式设置文本的格式一样，可以使用表样式和单元格样式设置表的格式。表样式是可以在一个单独的步骤中应用的一系列表格式属性（如表边框、行线、列线等）的集合。单元格样式包括单元格内边距、段落样式、描边、填色等格式。编辑样式时，所有应用了该样式的表或单元格会自动更新。

下面将制作游戏配件升级表，以此来学习如何在表中创建和应用样式，效果如图7-58所示。

1. 表样式

（1）执行"文件" | "打开"命令，打开配套素材/Chapter-07/ "游戏表.indd"文件，如图7-59所示。

图7-58 完成效果　　　　　　　　图7-59 素材文件

（2）选中表中第一个单元格，执行"表" | "表选项" | "表设置"命令，打开"表选项"对话框，如图7-60和图7-61所示，设置对话框中的参数，单击"确定"完成设置，得到图7-62所示效果。

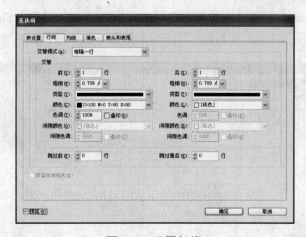

图7-60 设置行线

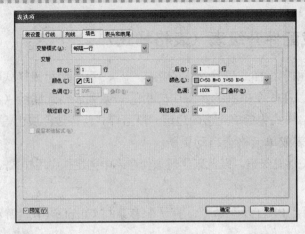

图7-61 设置填色

（3）保持单元格的选中状态，执行"窗口"|"文字和表"|"表样式"命令，打开"表样式"面板，如图7-63所示，单击"表样式"面板底部的"创建新样式"按钮 ，创建"表样式1"，如图7-64所示。

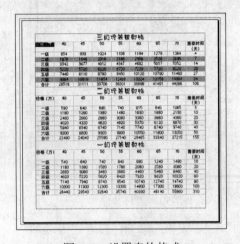

图7-62 设置表的格式

图7-63 "表样式"面板

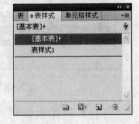

图7-64 创建表样式

（4）双击"表样式"面板中新建的"表样式1"，打开"表样式选项"对话框，为其设置样式名称，然后移动光标到"快捷键"选项文本框中，按下键盘上Shift键和小键盘上的数字键，完成快捷键的设置后单击"确定"按钮，如图7-65和图7-66所示。

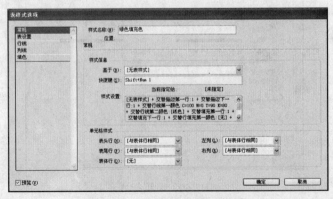

图7-65 "表样式选项"对话框

（5）使用刚刚设置的快捷键，分别为第二个表格和第三个表格添加新样式，如图7-67所示。

图7-66 "表样式"面板

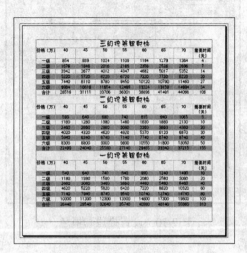

图7-67 设置表的样式

2. 单元格样式

（1）如图7-68所示，选中第一个表格。

（2）执行"表"|"单元格选项"|"文本"命令，打开"单元格选项"对话框，如图7-69和图7-70所示设置对话框参数，单击"确定"按钮完成设置，得到图7-71所示效果。

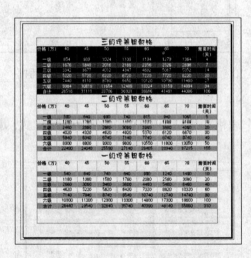

图7-68 选中表

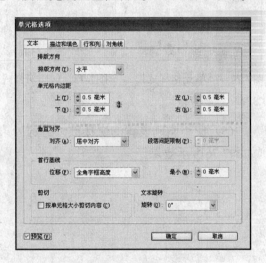

图7-69 设置文本

（3）保持表格的选中状态，单击"单元格样式"面板底部的"创建新样式"按钮，新建"单元格样式1"，如图7-72和图7-73所示。

（4）双击"单元格样式"面板中的"单元格样式1"，打开"单元格样式选项"对话框，如图7-74所示，设置样式名称，移动光标到"快捷键"选项文本框中，按下键盘上的Ctrl键和小键盘上的数字键，完成快捷键的设置后单击"确定"按钮，如图7-75所示。

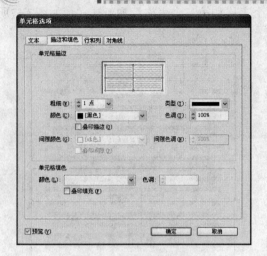

图7-70　设置描边和填色

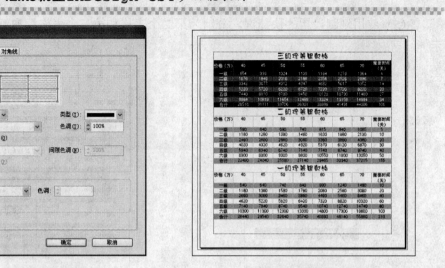

图7-71　设置单元格

图7-72　"单元格样式"
面板

图7-73　创建新样式

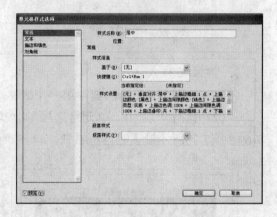

图7-74　"单元格样式选项"对话框

　　（5）使用刚刚设置的快捷键，分别为第二个表格和第三个表格添加新单元格样式，得到如图7-76所示效果。

图7-75　"单元格样式"对话框

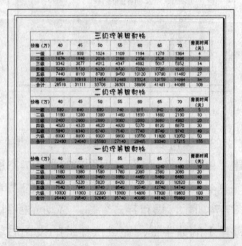

图7-76　添加单元格样式

课后练习

1. 设计制作图7-77所示的表格。

G3笔记本　本本大优惠				
品牌	厂商	型号	参考价格	移动补贴（话费+网费）
HP	惠普	Mini1000	4,999	2100（600+1500）
戴尔	戴尔	Mini10	3,880	2100（600+1500）
海尔	苏州海尔科技有限公司	海尔X105	3,399	2100（600+1500）
Lenovo	联想	昭阳M10W	3,599	2100（600+1500）
清华同方	同方	Imini S5	3,499	2100（600+1500）
方正	方正科技	颐和E100	近期公布	1500（600+900）

图7-77　效果图

要求：
（1）编辑表格内容。
（2）设置表格格式。
（3）文件尺寸为145mm×82mm。

2. 设计制作X展架，效果如图7-78所示。

图7-78　效果图

要求：
（1）编辑文字内容。
（2）创建表格并设置格式。
（3）文件尺寸为60cm×160cm。

第8课

图层及特殊效果的设置

本课知识结构

InDesign CS4可以将页面中不同类型的对象置于不同的图层中，以便于用户进行编辑和管理。此外，对于图层中不同类型的对象还可以设置透明、颜色混合、投影、发光和羽化等多种特殊效果，使出版物的页面效果更加丰富、完美。在本课中，编者将通过实例的制作过程，来阐述图层操作的理论知识及特殊效果的设置。

就业达标要求

☆ 正确新建图层　　　　　　　　☆ 掌握如何复制图层
☆ 掌握如何显示和隐藏图层　　　☆ 掌握如何锁定和解锁图层
☆ 掌握如何删除和合并图层　　　☆ "效果"面板应用

8.1　实例：杂志设计（图层）

InDesign CS4可以将页面中不同类型的对象置于不同的图层中，以便于用户进行编辑和管理。每个文档都至少包含一个已命名的图层。使用多个图层，可以创建和编辑文档中的特定区域或各种内容，而不会影响其他区域或其他种类的内容。另外，还可以使用图层来为同一个版面显示不同的设计思路，或者为不同的区域显示不同版本的广告。

下面将通过制作杂志设计综合实例，介绍如何运用"图层"面板来方便实现作品的设计制作，效果如图8-1所示。

1. 新建图层

（1）执行"文件" | "打开"命令，打开配套素材/Chapter-08/ "杂志.indd"文件，如图8-2所示。

（2）执行"窗口" | "图层"命令，打开"图层"面板，如图8-3所示。

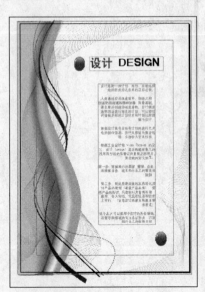

图8-1　完成效果

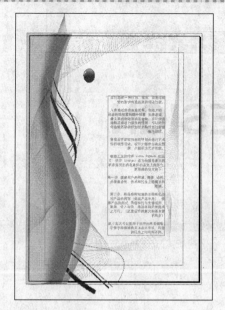

图8-2　素材文件

图8-3　"图层"面板

（3）单击"图层"面板右上角的按钮，在弹出的快捷菜单中选择"新建图层"命令，打开"新建图层"对话框，如图8-4所示，在"名称"文本框中设置图层名称，在"颜色"下拉列表中设置颜色为蓝绿色，其他为默认参数，单击"确定"按钮完成设置，得到图8-5所示效果。

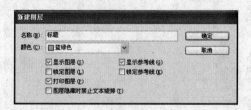

图8-4　"新建图层"对话框

图8-5　创建新图层

下面介绍"新建图层"对话框中各个选项的含义。

· 名称：用于输入为图层定义的名称。

· 颜色：用于选择新建图层的颜色，用来区别于其他的图层。

· 显示图层：选中该复选框后，新建的图层将在"图层"面板中显示，否则隐藏。

· 显示参考线：选中该复选框后，在新建的图层中将显示添加的参考线，否则隐藏。

· 锁定图层：选中该复选框后，新建的图层将处于锁定的状态，无法进行编辑修改。

· 锁定参考线：选中该复选框后，新建图层中的参考线都将处于锁定状态，无法移动。

· 打印图层：选中该复选框后，可允许图层被打印。当打印或导出至PDF时，可以决定是否打印隐藏图层和非打印图层。

· 图层隐藏时禁止文本绕排：选中该复选框后，当新建的图层隐藏时不支持文本绕排。

（4）如图8-6所示，使用"文字工具" T,在页面中输入文本"设计 DESIGN"，然后为文本设置格式与颜色，而创建的文本在刚刚新建的"标题"图层中。

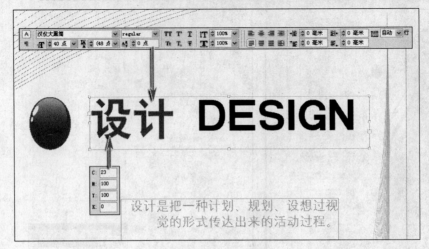

图8-6 添加文字

2. 选择、移动和复制图层上的对象

（1）使用"选择工具" ![]选择页面中的一个对象，如图8-7所示，这时查看"图层"面板，在图层的右侧的"正方形" ■表示选择的对象在该图层中，如图8-8所示。

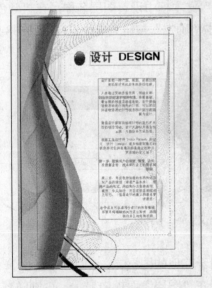

图8-7 选择图形

图8-8 "图层"面板

（2）使用"选择工具" ![]选择并拖动图像，即可移动图像，调整图像位置，得到图8-9所示效果。

（3）如图8-10所示，使用"选择工具" ![]选择图形，按住键盘上Alt键，当鼠标指针变为![]状态时，拖动鼠标到页面右下角位置，释入鼠标后，即可将该图像复制。

3. 复制图层

（1）在"图层"面板中，拖动"标题"图层到面板底部的"创建新图层"按钮处，如图8-11所示，释放鼠标后，复制"标题"图层为"标题 复制"图层，如图8-12所示。

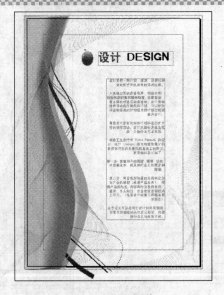

图8-9 移动图像

图8-10 复制图像

（2）在"图层"面板中，拖动"图层 4"到"图层 1"上方位置，如图8-13所示，释放鼠标后，完成"图层 4"位置的移动，如图8-14和图8-15所示。

图8-11 "图层"面板 图8-12 复制图层 图8-13 移动图层

4. 显示和隐藏图层

（1）单击"图层 4"前面的"切换可视性"图标 ，即可将该图层隐藏，如图8-16和图8-17所示。

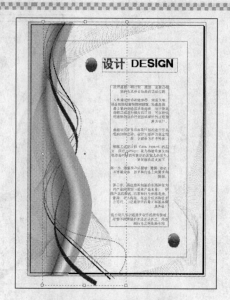

图8-14　调整图层位置　　　　　　　图8-15　调整图层位置效果

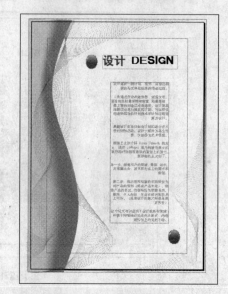

图8-16　隐藏图层　　　　　　　　　图8-17　隐藏图像效果

（2）继续单击"图层 4"前面的"切换可视性"图标，即可显示隐藏的图层，如图8-18和图8-19所示效果。

5. 锁定和解锁图层

（1）在"图层"面板中，单击"图层 5"前面的"切换锁定（空白时可编辑）"图标，将"图层 5"锁定，这时该图层中的图形将不能选择或编辑，如图8-20和图8-21所示。

（2）单击"切换锁定（空白时可编辑）"图标，即可为该图层解锁，这时可以对该图层中的图形进行选择或编辑，如图8-22和图8-23所示。

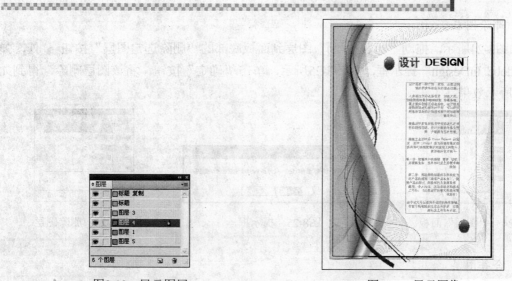

图8-18 显示图层

图8-19 显示图像

图8-20 锁定图层

图8-21 锁定的图层不能选择

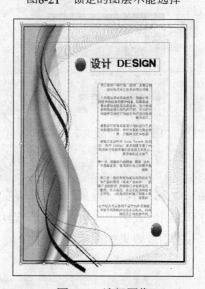

图8-22 为图层解锁

图8-23 选择图像

6. 删除图层

如图8-24所示，拖动"标题 复制"图层到面板底部的"删除选定图层"按钮 处，弹出"Adobe InDesign"提示框，如图8-25所示，单击"确定"按钮，将该图层删除，得到如图8-26所示效果。

图8-24 "图层"面板　　　　图8-25 提示框　　　　图8-26 删除图层

7. 合并图层

配合键盘上的Shift键选择"图层 1"和"图层 2"，单击"图层"面板右上角的 按钮，在弹出的快捷菜单中选择"合并图层"命令，将选中的图层合并，如图8-27和图8-28所示。

图8-27 选择图层　　　　　　　　　图8-28 合并图层

8.2 实例："山村夜晚"插画（"效果"面板）

执行"窗口"|"效果"命令或按Ctrl+Shift+F10快捷键，打开"效果"面板，如图8-29所示。

图8-29 "效果"面板

下面将以本节的"山村夜晚"插画为例，详细讲解"效果"面板的应用。插画效果如图8-30所示。

1. 透明度

（1）打开本书配套素材\Chapter-08\"山村夜晚1.indd"文件，如图8-31所示。

（2）选择"选择工具" ，按住Shift键，选取图形，如图8-32所示。执行"窗口"|"效果"命令，打开"效果"面板，在"不透明度"选项中输入数值或拖动下方滑块，设置图形的不透明度效果"对象：正常"选项的百分比自动显示为设置的数值，如图8-33所示。图形的不透明度效果如图8-34所示。

图8-30 "山村夜晚"插画效果

图8-31 素材文件

图8-32 选取图形

图8-33 设置不透明度

在"效果"面板中,单击"描边:正常100%"选项,在"不透明度"选项中输入数值或拖动下方滑块,可以设置对象描边的不透明度;单击"填充:正常100%"选项,在"不透明度"选项中输入数值或拖动下方滑块,可以设置对象填充的不透明度。

2. 应用混合模式

选取相应图形,如图8-35所示,在"效果"面板中,设置图形的混合模式为"柔光",其中"不透明度"参数为30%,如图8-36所示。图形效果如图8-37所示。

混合模式用于改变上层对象颜色与下层对象颜色的混合方式,在"效果"面板中的"混合模式"下拉列表中列出了16种不同的混合模式。下面介绍面板中各个混合模式的含义,应用面板中各个混合模式的效果如图8-38所示。

· 正常:可使上层对象颜色不与下层对象颜色产生任何混合效果,这是默认模式。

图8-34　图形不透明度效果　　　　　　　图8-35　选取图形

图8-36　设置不透明度和混合模式　　　　图8-37　图形不透明度和柔光混合模式效果

• 正片叠底：可将图像按颜色深浅、对应的透明度重叠，结果色总是较暗的颜色。任何颜色与黑色复合产生黑色，任何颜色与白色复合保持原来的颜色。该效果类似于在页面上使用多支魔术水彩笔上色。

• 滤色：可将上下层的对象颜色重叠起来显亮。用黑色过滤时颜色保持不变，用白色过滤将产生白色。此效果类似于多个幻灯片图像在彼此之上投影。

• 叠加：可将混合后颜色的高亮部分变得更亮，暗调部分变得更暗。

• 柔光：可将上层对象的色调清晰显示在其下层对象颜色中。该效果类似于用发散的点光照射图片。

• 强光：可将下层对象的色调清晰显示在其上层对象颜色中。该效果类似于用强烈的点光照射图片。

• 颜色减淡：可增强色彩饱和度，混合后色调变亮。与黑色混合不会产生变化。

• 颜色加深：可增强色彩对比度，混合后整体变亮。与白色混合不会产生变化。

· 变暗：可将混合后对象的颜色进行比较，以色彩更暗的那部分颜色作为最终显示效果。

· 变亮：可将混合后对象的颜色进行比较，以色彩更亮的那部分颜色作为最终显示效果。

· 差值：可根据混合后对象颜色的色调，进行相对应的反相。与白色混合将反转基色值，与黑色混合不会产生变化。

· 排除：该选项与差值模式类似，但是具有高对比度和低饱和度，色彩更柔和。与白色混合将反转基色分量，与黑色混合不会产生变化。

· 色相：可以下层对象的色调来表现上层对象的色调。

· 饱和度：可以上层对象的饱和度来表现下层对象的饱和度。用此模式在没有饱和度（灰色）的区域中上色，将不会产生变化。

· 颜色：可将上下层对象的色调和饱和度进行互换混合。它可以保留图片的灰阶，对于给单色图片上色和给彩色图片着色都非常有用。

· 亮度：可将上层对象的亮度与下层对象的色调和饱和度进行混合。此模式所创建的效果与颜色模式所创建的效果相反。

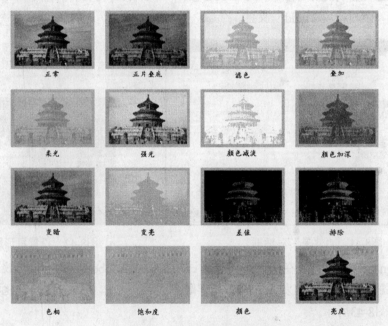

图8-38　应用混合模式效果

3. 分离混合模式

在对象上应用混合模式时，其颜色会与它下面的所有对象混合。如果希望将混合范围限制于特定对象，可以先对那些对象进行编组，然后对该组应用"分离混合"效果。"分离混合"效果可将混合范围限制到该组中，避免该组下面的对象受到影响，如图8-39所示。

混合模式应用于单个对象，而"分离混合"选项则应用于组。此选项将组内的各种混合相互作用彼此隔离开来。它不会影响直接应用于组本身的混合模式。

4. 挖空组中对象

当混合模式应用于编组中的部分对象时，为了防止组内多个对象的图素互相重叠显示，可以选中"效果"面板中的"挖空组"复选框，对比效果如图8-40所示。

图8-39　设置"分离混合"效果

图8-40　设置"挖空组"效果

5. 特殊效果

（1）选取星形图形，单击"效果"面板下方的 <kbd>fx</kbd> 按钮，在弹出的菜单中选择"外发光"命令，或执行"对象"｜"效果"｜"外发光"命令，都可打开"效果"对话框，如图8-41所示。

（2）从"模式"下拉列表框中选择"强光"混合模式，单击旁边的"设置发光颜色"按钮，打开"效果颜色"对话框，选择白色。发光颜色可根据发光对象的颜色与背景设置。发光效果不太明显，可以通过调整"不透明度"、"大小"、"扩展"等选项达到满意的效果。设置"不透明度"为75%，"大小"为2毫米，"扩展"为10%。星形图形效果如图8-42所示。另存为"山村夜晚2.indd"文件。

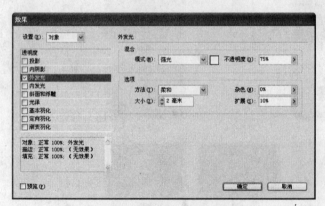

图8-41　"效果"对话框

图8-42　设置星形图形效果

在InDesign CS4中可直接在页面布局上尝试用类似于Adobe Photoshop的效果进行设计，如投影、内阴影、外发光、内发光、斜面和浮雕、光泽、基本羽化、定向羽化和渐变羽化效果等，效果如图8-43所示。

- 投影：能使对象看起来具有立体效果，而且还可以调整投影的方向、混合模式、不透明度、模糊程度等参数。
- 内阴影：指紧靠在对象的边缘内添加投影，使图层具有凹陷外观。可以让内阴影沿不同轴偏离，并可以改变混合模式、不透明度、距离、角度、大小、杂色和阴影的收缩量。
- 外发光：指添加从对象的外边缘发光的效果。
- 内发光：指添加从对象的内边缘发光的效果。内发光的选项区域中包含"源"选项，用来指定发光源，选择"中"选项使光从中间位置放射出来；选择"边缘"选项，则使光从对象边界放射出来。
- 斜面和浮雕：指为对象添加高光与阴影的各种组合。使用斜面和浮雕效果可以赋予对象逼真的三维外观，添加内部高光和阴影以产生浮雕效果。

・光泽：用于创建光滑光泽的内部阴影。使用光泽效果可以使对象具有流畅且光滑的光泽。可以选择混合模式、不透明度、角度、距离、大小设置，以及是否反转颜色和透明度。

・基本羽化：可以使对象的边缘在指定的距离上渐隐为透明，从而实现边缘柔化。使用基本羽化效果可按照指定的距离柔化（渐隐）对象的边缘。

・定向羽化：可使对象的边缘沿指定的方向渐隐为透明，从而实现边缘柔化。例如，可以将羽化应用于对象的上方和下方，而不是左侧或右侧。

・渐变羽化：通过可调整的线性或径向渐变使对象渐隐于背景中，使对象所在区域渐隐为透明，从而实现此区域的柔化。

图8-43　设置特殊效果

6. 清除效果

选取应用效果的图形，在"效果"面板中单击"清除所有效果并使对象变为不透明"按钮▨，即可清除对象应用的效果。

执行"对象"|"效果"命令或单击面板右上方▤图标，在弹出菜单中选择"清除效果"命令，可以清除图形对象的特殊效果。单击"清除全部透明度"命令，可以清除图形对象应用的所有效果。

拖动▇图标至面板下方的"删除"按钮 🗑，也可以清除对象应用的特殊效果。

7. 拼合透明度

在从InDesign中打印或导出为Adobe PDF以外的其他格式文档时，InDesign都将执行拼合的过程。拼合过程首先将透明图片剪开，然后将重叠区域显示为彼此分离的若干部分。在InDesign中，透明度拼合预设文件的扩展名为.flst。

预定义透明度拼合样式：在InDesign CS4中，提供了3种预定义的透明拼合样式。执行"编辑"|"透明度拼合预设"命令，打开"透明度拼合预设"对话框，如图8-44所示。

・"低分辨率"选项：用于要在黑白桌面打印机上打印的快速校样，以及要在Web上发布的文档或要导出为SVG的文档。

・"中分辨率"选项：用于桌面校样及要在PostScript彩色打印机上打印的文档。

・"高分辨率"选项：用于最终出版及高品质校样。

自定义透明度拼合样式：如果需要经常性地导出或打印包含透明度的文档，可以将拼合设置存储在"透明度拼合预设"对话框中，使拼合过程自动化。在"透明度拼合预设"对话框中各选项设置说明如下。

　　• 单击"新建"按钮，打开"透明度拼合预设选项"对话框，如图8-45所示。在该对话框中完成了相应的设置以后，单击"确定"按钮完成自定义拼合样式的操作。

　　• 要将预设存储为单独的文件，可以在选中一个预设后单击"存储"按钮，打开"存储透明度拼合预设"对话框，从中指定名称和位置后单击"保存"按钮。

　　• 要从文件中载入预设，可以单击"载入"按钮，打开"载入透明度拼合预设"对话框。从中选中需要载入预设的.flst文件，然后单击"打开"按钮。

　　• 要编辑现有预设，可以在选中一个预设后单击"编辑"按钮，打开"透明度拼合预设选项"对话框，编辑完成后单击"确定"按钮。

　　• 要删除预设，可以在列表中选中一个或多个预设后单击"删除"按钮，打开Adobe InDesign警示框，单击"确定"按钮确认删除。

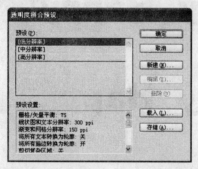

图8-44　"透明度拼合预设"对话框

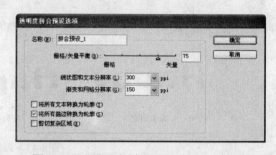

图8-45　"透明度拼合预设选项"对话框

图8-46　封面效果图

8.3　实例：封面（特殊效果的应用）

　　下面将通过制作封面综合实例，来学习如何运用"对象"|"效果"子菜单中的部分命令来实现作品设计制作中的特殊效果，效果如图8-46所示。

　　1. 斜面和浮雕、光泽效果

　　（1）执行"文件"|"新建"|"文档"命令，新建一个默认大小的文档，单击工具箱中的"矩形工具"　，依照出血线绘制一个矩形，然后填充土黄色（R：246、G：241、B：214），如图8-47所示。

　　（2）使用"矩形工具"　继续在页面中绘制矩形，然后参照图8-48所示参数为矩形分别填充不同程度的土黄色。

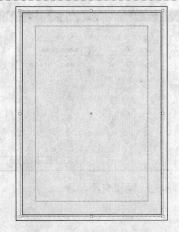
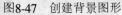

图8-47　创建背景图形

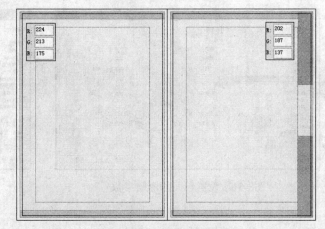

图8-48　继续绘制矩形

（3）执行"文件"|"置入"命令，置入本书配套素材\Chapter-08\"蝴蝶.psd"文件，然后使用"直接选择工具" ▶ 参照图8-49所示调整素材图像的大小和位置。

（4）执行"文件"|"置入"命令，置入本书配套素材\Chapter-08\"艺术字.psd"文件，然后使用"直接选择工具" ▶ 参照图8-50所示调整素材图像的位置。

图8-49　置入素材图像

图8-50　添加艺术字素材图像

（5）执行"对象"|"效果"|"斜面和浮雕"命令，打开"效果"对话框，参照图8-51所示在该对话框中设置参数，然后勾选"光泽"选项，参照图8-52所示设置参数，单击"确定"按钮后，为艺术字图像添加相应的效果，如图8-53所示。

2. 渐变羽化效果

（1）单击工具箱中的"文字工具" T，在页面中拖出一个文本框，在其中输入"InDesign"英文字样，如图8-54所示，在"字符"面板中设置字符属性，然后参照图8-55所示调整文字的位置。

（2）执行"对象"|"效果"|"渐变羽化"命令，打开"效果"对话框，参照图8-56所示在该对话框中设置参数，单击"确定"按钮后，为文字添加渐变羽化效果，如图8-57所示。

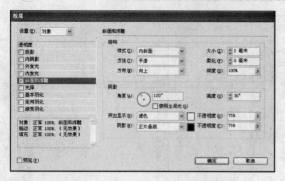 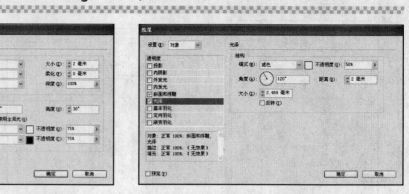

图8-51　设置斜面和浮雕参数　　　　　　图8-52　设置光泽参数

图8-53　添加效果　　　　　　图8-54　"字符"面板

 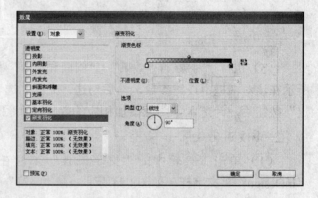

图8-55　设置属性后的效果　　　　　　图8-56　设置渐变羽化参数

3. 内阴影效果

（1）使用"文字工具"T 在页面中创建"文档排版"字样，然后参照图8-58所示在"字符"面板中设置字符属性，设置完毕后的效果如图8-59所示。

图8-57 为文字添加渐变羽化效果

图8-58 设置字符属性

图8-59 设置完毕后的效果

（2）选择工具箱中的"椭圆工具" ，参照图8-60所示在页面中绘制一个土黄色（R：246、G：241、B：214）的椭圆形，并调整椭圆形到文字的后方。

图8-60 绘制椭圆形并调整位置

（3）执行"对象"|"效果"|"内阴影"命令，打开"效果"对话框，参照图8-61所示设置参数，单击"确定"按钮，为椭圆形添加内阴影效果，然后将其复制，得到图8-62所示效果。

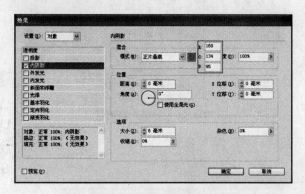

图8-61　设置内阴影参数

图8-62　复制椭圆形

4. 内阴影效果

（1）使用"文字工具" T,在页面右侧创建"全彩印刷"字样，然后使用"矩形工具" ▣,在页面中绘制矩形作为装饰，文字和矩形的颜色均为棕色（R：169、G：134、B：95），如图8-63和图8-64所示。

图8-63　"字符"面板

图8-64　绘制矩形

（2）选中上一步创建的文字，执行"对象"|"效果"|"投影"命令，打开"效果"对话框，参照图8-65所示在该对话框中设置参数，单击"确定"按钮后，为文字添加投影效果，如图8-66所示。

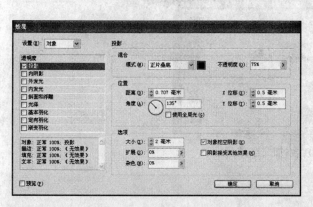

图8-65 设置投影参数　　　　图8-66 为文字添加投影效果

5. 基本羽化效果

（1）使用"矩形工具"和"椭圆工具"◯参照图8-67所示创建图形。

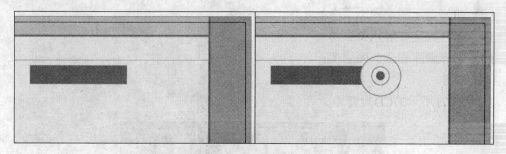

图8-67 创建图形

（2）选中矩形，执行"对象"|"效果"|"基本羽化"命令，打开"效果"对话框，参照图8-68所示设置参数，单击"确定"按钮后，为矩形添加基本羽化效果，如图8-69所示。

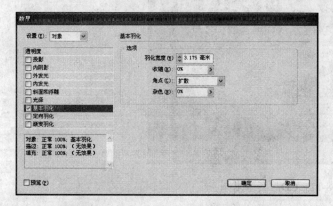

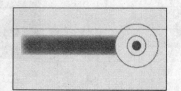

图8-68 设置基本羽化参数　　　图8-69 为矩形添加基本羽化效果

（3）使用"文字工具"T和"直排文字工具"IT继续添加文字信息，得到如图8-70所示效果。

（4）执行"视图"|"隐藏框架边缘"命令，将框架边缘隐藏，完成整个实例的制作。

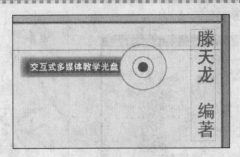

图8-70　添加文字信息

课后练习

1. 简答题

（1）如何创建新图层？

（2）如何复制图层？

（3）如何显示和隐藏图层？

（4）怎样锁定和解锁图层？

（5）怎样删除和合并图层？

2. 操作题

创建图8-71所示的CD封套。

图8-71　CD封套效果图

要求：

（1）新建文档。

（2）注意图像的图层关系。

（3）创建文字元素。

（4）文件尺寸为143mm×140mm。

页面编排

本课知识结构

本课将介绍在InDesign CS4中是如何进行页面编排的，页面编排是设计和编辑出版物时的基本操作，版式的设计及版面的规划往往需要网格和参考线作为辅助工具，结合页面面板和图层面板才能使版面的设计更方便、快捷。InDesign CS4提供了非常方便的版面布局与调整功能，可以准确地规划出版物的页面，大大减少出版物制作过程中不必要的重复工作。希望读者通过本课的学习，可以掌握关于页面编排方面的知识，对今后的实践有所帮助。

就业达标要求

☆ 掌握如何进行页面设置的更改　　　☆ 正确使用标尺、网格及参考线

☆ 掌握页面和跨页的基本操作　　　　☆ 掌握对主页的创建和一系列编辑操作

☆ 正确编辑页码和章节　　　　　　　☆ 了解如何设置版面调整选项

9.1 实例：卜算子（新建文档）

新建文档是InDesign CS4中最基本的操作，也是用户必须掌握的操作知识。作为一切设计制作的开端，新建文档就好比基石，是非常重要的一步。用户可以在创建文档时在"新建文档"对话框中进行操作，也可以在创建文档后，通过"文件"、"版面"和"视图"菜单下的一系列具体的命令来更改页面设置。

下面将以制作卜算子为例，向读者具体讲解如何新建文档，以及如何运用菜单中的命令进行页面设置的更改，完成效果如图9-1所示。

1. 创建新文档

（1）执行"文件"|"新建"|"文档"命令，打开"新建文档"对话框，如图9-2所示，单击"更多选项"按钮，显示更多选项，如图9-3所示，设置对话框参数。

（2）单击"新建文档"对话框底部的"版面网格对话框"按钮，打开"新建版面网格"对话框，如图9-4所示，在"方向"下拉列表中选择"水平"选项，使文本从左向右水平

图9-1　完成效果

排列，在"字体"下拉列表中可以选择字体样式，如图9-5所示。

（3）如图9-6所示，在"新建版面网格"对话框中，设置"大小"参数为10点，调整正文文本的字体大小，也就是确定了单个网格的大小，得到如图9-7所示效果。

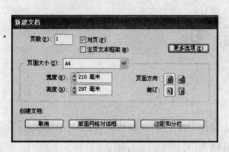

图9-2 "新建文档"对话框

图9-3 显示更多选项

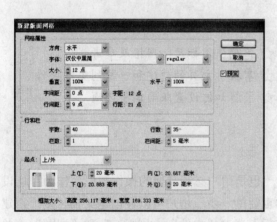

图9-4 "新建版面网格"对话框

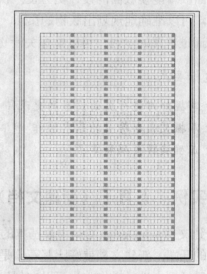

图9-5 文档效果

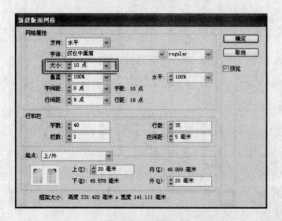

图9-6 "新建版面网格"对话框

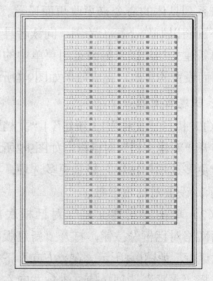

图9-7 文档效果

（4）如图9-8所示，在"新建版面网格"对话框中，设置"垂直"参数为110%，"水平"参数为120%，调整网格中的字体缩放百分比或网格的大小，如图9-9所示。

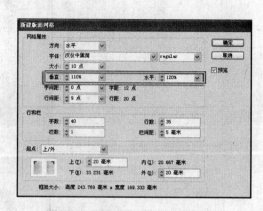

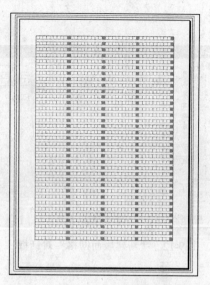

图9-8 "新建版面网格"对话框　　　　图9-9 文档效果

（5）如图9-10所示，在"新建版面网格"对话框中，设置"行间距"参数为10点，调整网格中字体的行间距离，如图9-11所示。其中"字间距"选项可以设置网格中字体的字符间距。

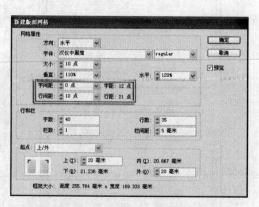

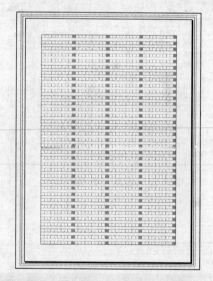

图9-10 "新建版面网格"对话框　　　　图9-11 文档效果

（6）如图9-12所示，继续在"新建版面网格"对话框中，设置"字数"参数为30，设置"行数"参数为24，得到如图9-13所示效果。

（7）如图9-14所示，为新建的版面网格设置"栏数"参数为2，设置"栏间距"参数为4毫米，得到图9-15所示效果。

（8）如图9-16所示，在"新建版面网格"对话框中，设置"起点"下拉列表为"完全居中"选项，调整版面网格的位置，单击"确定"按钮完成设置，创建一个新文档，得到如图9-17所示效果。

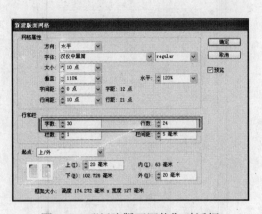

图9-12　"新建版面网格"对话框

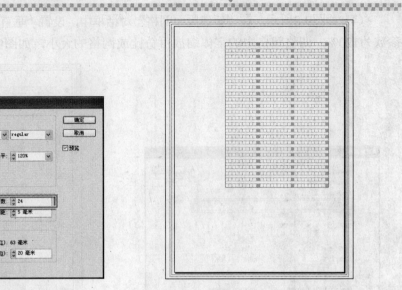

图9-13　文档效果

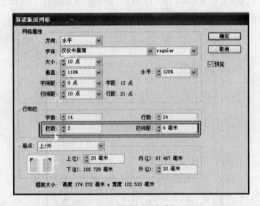

图9-14　设置栏数和栏间距

图9-15　文档效果

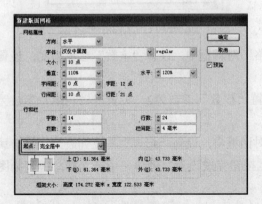

图9-16　设置起点选项

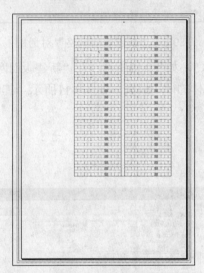

图9-17　文档效果

2. 更改文档设置

执行"文件"|"页面设置"命令，打开"页面设置"对话框，如图9-18所示，设置页面的"宽度"和"高度"为200毫米和200毫米，单击"确定"按钮完成设置，更改页面大小，如图9-19所示。

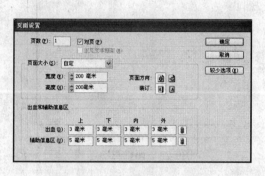

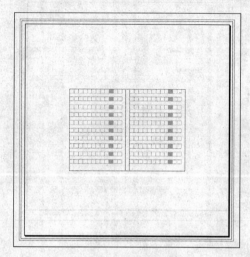

图9-18 "页面设置"对话框　　　　　　图9-19 重新设置页面

3. 更改页边距和分栏

（1）执行"版面"|"边距和分栏"命令，打开"边距和分栏"对话框，如图9-20所示，在"边距"选项中设置"上"参数为20毫米，单击"将所有设置设为相同"按钮，自动将边距设置为相同。

（2）在"边距和分栏"对话框中，设置"栏数"参数为3，设置"排版方向"选项为"垂直"，单击"确定"按钮，关闭对话框，如图9-21所示。

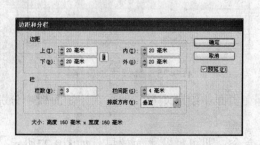

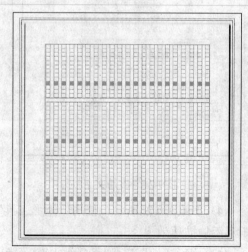

图9-20 "边距和分栏"对话框　　　　　　图9-21 设置边距和分栏

（3）执行"视图"|"网格和参考线"|"显示版面网格"命令，将版面网格隐藏，如图9-22所示。

4. 创建不相等的栏宽

（1）执行"视图"|"网格和参考线"|"锁定栏参考线"命令，移动鼠标到栏参考线位置单击并拖动鼠标，即可调整栏参考线位置，如图9-23所示。

图9-22　隐藏版面网格

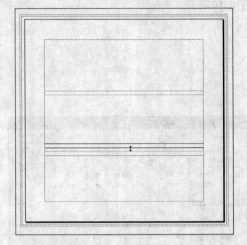

图9-23　调整栏参考线

（2）参照图9-24所示，使用"直排文字工具" **T** 绘制一个文本框，并在文本框中输入相关文字信息，然后在控制面板中设置文本格式。

（3）使用相同的方法，使用"直排文字工具" **T** 继续在页面中添加相关文字信息，得到如图9-25所示效果。

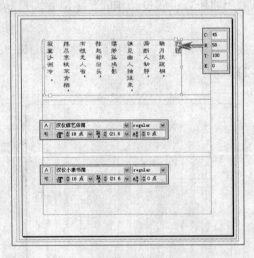

图9-24　添加文字

图9-25　继续添加文字

（4）参照图9-26所示，使用"矩形工具" ▦ 在页面中绘制矩形，然后在控制面板中分别为矩形添加描边效果。

（5）执行"视图"|"屏幕模式"|"预览"命令，即可预览页面效果，如图9-27所示。

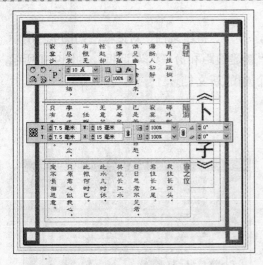

图9-26 绘制矩形

图9-27 预览效果

9.2 实例：产品说明书（标尺、网格、参考线）

在InDesign CS4中，有标尺、网格及参考线的概念。标尺分为两种，一种是在文档窗口顶部的水平标尺，一种是在文档窗口左侧的垂直标尺，可以准确地进行页面设置、视图控制和定位对象等。网格分为三类，分别是用于将多个段落根据其基线进行对齐的基线网格、用于将对象与正文文本大小的单元格对齐的版面网格和用于对齐对象的文档网格。参考线与网格的区别在于参考线可以在页面或粘贴板上自由定位。在InDesign CS4中，可以创建两种标尺参考线，分别是页面参考线（仅在创建该参考线的页面上显示）和跨页参考线（此参考线可跨越所有的页面和多页跨页的粘贴板）。

下面将以制作电器宣传广告页为例，向大家讲解标尺、网格和参考线的使用方法，并且通过"信息"面板观察操作信息，完成的产品说明书效果如图9-28所示。

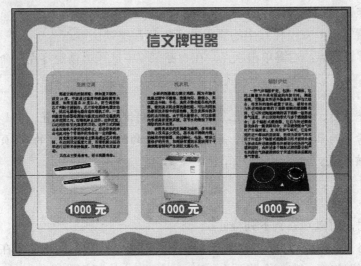

图9-28 完成效果

1. 标尺

（1）执行"文件"|"新建"|"文档"命令，打开"新建文档"对话框，如图9-29所示，设置各参数，单击"边距和分栏"按钮，打开"新建边距和分栏"对话框，如图9-30所示，设置其中的参数，单击"确定"按钮，创建一个A4的新文档。

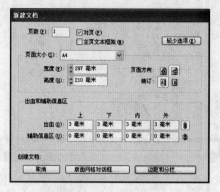

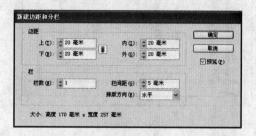

图9-29　"新建文档"　　　　　　　　图9-30　"新建边距和分栏"对话框

（2）参照图9-31所示，将鼠标移动到水平标尺和垂直标尺交汇的位置，然后单击并拖动鼠标到新的位置，释放鼠标后即可产生新的零点位置。

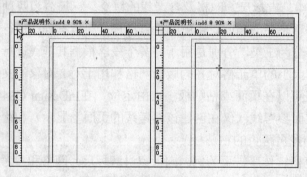

图9-31　移动零点

用户对零点还可以进行以下操作。

· 重新设置零点：双击标尺中的原点即可恢复系统默认零点。

· 锁定或解锁零点：右键单击原点，在右键菜单中选择"锁定零点"命令即可锁定或解锁零点。

 移动零点时，在所有跨页中，它都将移动到相同的相对位置。例如，将零点移动到页面跨页的第3页的左上角，则在该文档中的所有其他跨页的第3页上，零点都将显示在该位置。

2. 网格

显示网格时，可以观察到下列特征：

· 基线网格覆盖整个跨页，文档网格覆盖整个粘贴板，版面网格显示在跨页的版心中。基线网格和文档网格显示在每个跨页上，并且不能指定给任何主页。

· 文档网格可以显示在所有参考线、图层和对象之前或之后，但是不能指定给任何图层。

文档基线网格的方向与"边距和分栏"对话框中设置的栏的方向相同。

· 版面网格可以指定给主页或文档页面。一个文档内可以包括多个版面网格设置，但不能将其指定给图层。

· 版面网格显示在底部的图层中，无法直接在版面网格中键入文本。版面网格的主要用途在于根据正文文本的大小作为网格大小设置页边距，该区域是根据字符网格方块的数目定义的。版面网格还能够将对象与页面上的特定字符位置靠齐。

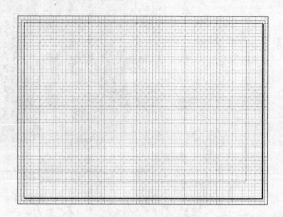

图9-32 显示文档网格

· 框架网格用于将设置应用到文本，并且有与版面网格、基线网格或文档网格不同的属性。

（1）执行"文件"|"网格和参考线"|"显示文档网格"命令，即可显示文档网格，如图9-32所示。

（2）参照图9-33所示，使用"钢笔工具" <img>依照文档网格绘制图形，并为图像填充浅黄色。

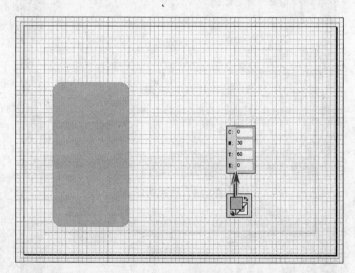

图9-33 绘制图形

（3）将刚刚绘制的圆角矩形选中，按住键盘上的**Alt**键拖动该图形，释放鼠标后，将该图形复制，继续复制图形并调整其位置，得到图9-34所示效果。

（4）参照图9-35所示，使用"钢笔工具" <img>继续绘制图形，并为图像设置颜色。选择绘制的两个图形，执行"对象"|"排列"|"置为底层"命令，调整图像置于底层。

（5）参照图9-36所示，使用"横排文字工具" <img>在页面输入相关文字信息。

3. 参考线

（1）在水平标尺上单击并拖动鼠标，即可拉出一条参考线，释放鼠标后，完成参考线的添加，如图9-37所示。

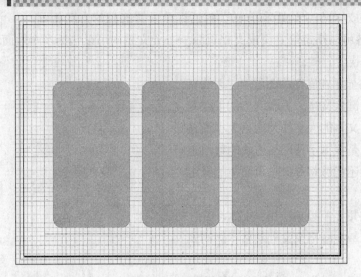

图9-34　复制图形

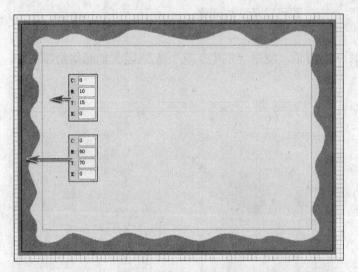

图9-35　绘制图形

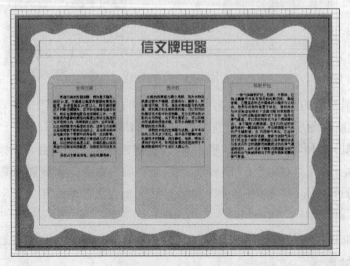

图9-36　添加文字

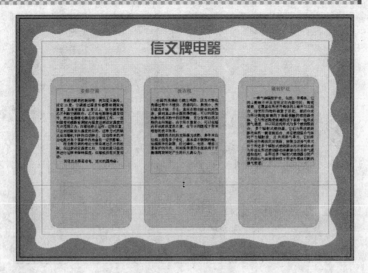

图9-37 添加参考线

（2）使用"选择工具" ⮂ 单击参考线，将其选中，参照图9-38所示，在控制面板中精确设置参考线的位置。

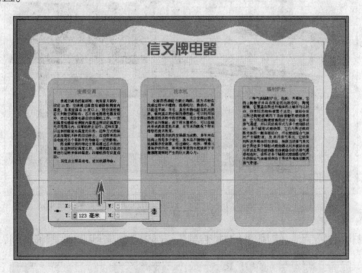

图9-38 精确设置参考线位置

（3）在页面中右击，在弹出的快捷菜单中选择"标尺参考线"命令，打开"标尺参考线"对话框，如图9-39所示，设置"视图阈值"参数为5%，在"颜色"下拉列表中选择"砖红色"，单击"确定"按钮，关闭对话框，得到图9-40所示效果。

图9-39 "标尺参考线"对话框

（4）执行"文件"|"置入"命令，打开"置入"对话框，选择配套素材/Chapter-09/"空调.psd"、"炉灶.psd"和"洗衣机.psd"文件，单击"确定"按钮，关闭对话框。然后在文档中单击鼠标三次，将选中的图像放到文档中，如图9-41所示。

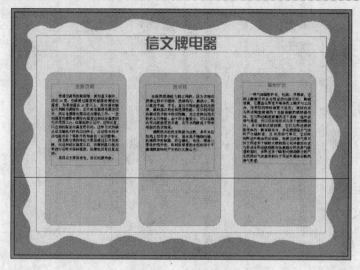

图9-40　设置参考线

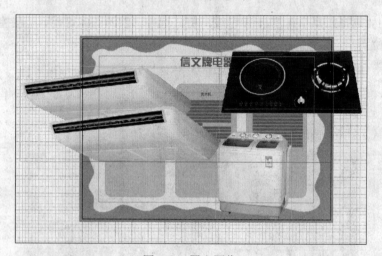

图9-41　置入图像

（5）参照图9-42所示，使用"缩放工具" 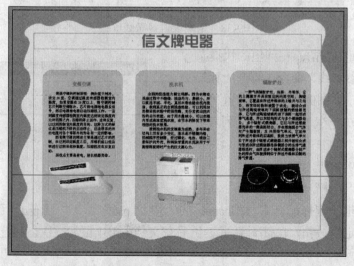 依照参考线调整图像大小与位置。

图9-42　调整图像

4. 信息面板

（1）执行"视图"|"信息"命令，打开"信息"面板，如图9-43所示，在页面上移动鼠标，这时"信息"面板中即可显示当前鼠标位置。

（2）使用"椭圆工具" ○ 在页面中绘制椭圆形，在绘制图形的过程中，"信息"面板即可显示图形位置与大小，如图9-44和图9-45所示。

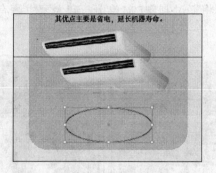

图9-43 "信息"面板　　　图9-44 绘制椭圆形　　　图9-45 "信息"面板

（3）参照图9-46所示，为椭圆形填充红色，并取消描边的颜色填充。观察"信息"面板，将会显示图形的填充颜色和描边属性，如图9-47所示。

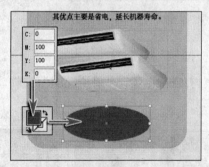

图9-46 为椭圆形设置颜色　　　图9-47 "信息"面板

（4）使用相同的方法继续绘制椭圆形，并使用"文字工具" T 在页面底部添加产品价格信息，如图9-48所示，完成该实例的制作。

图9-48 添加价格信息

9.3 实例：DM单页（页面和跨页）

跨页是指在文档窗口中能同时看到的一组页面，通过执行"文件"|"页面设置"命令，

在打开的"页面设置"对话框中选中"对页"复选框后，文档的页面将会以跨页方式排列显示。跨页是一组一同显示的页面。每个InDesign CS4跨页都包括自己的粘贴板，粘贴板是页面外的区域，可以在该区域存储还没有设置到页面上的对象。每个跨页的粘贴板都可提供用以容纳对象出血或扩展到页面边缘外的空间。

在图标面板中单击"页面"图标，打开"页面"面板，该面板提供了页面、跨页及主页的相关信息和控制方法。下将通过制作DM单页，向大家讲解有关页面和跨页的操作知识，完成效果如图9-49所示。

图9-49　完成效果

1. 选择页面和跨页

（1）执行"文件"|"打开"命令，打开配套素材/Chapter-09/"单页.indd"文件，效果如图9-50所示。

图9-50　素材文件

（2）观察如图9-51所示的"页面"面板，当前页面共有6页，第一页下面的数字为反白效果，表示该页为当前显示的页面，如图9-52所示。

（3）在2-3页面的名称上单击，即可将该跨页选中，如图9-53所示。

（4）在2-3页面的名称上双击，即可将该页面选中并在页面中显示，如图9-54和图9-55所示。

2. 更改页面和跨页显示

（1）单击"页面"面板右上角的██按钮，在弹出的快捷菜单中选择"旋转跨页视图"|"顺时针90°"命令，将该页面顺时针旋转90°，如图9-56和图9-57所示。

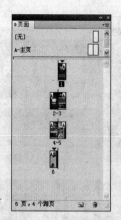

图9-51 "页面"面板

图9-52 第一页效果

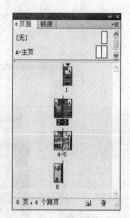

图9-53 "页面"面板

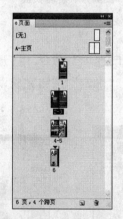

图9-54 选择第二页

图9-55 第二页效果

图9-56 "页面"面板

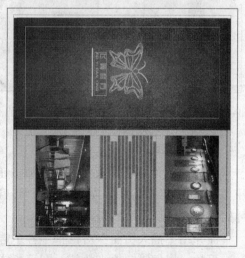

图9-57 旋转页面

（2）使用相同的方法，单击"页面"面板右上角的█按钮，在弹出的快捷菜单中选择"旋转跨页视图"|"逆时针90°"命令，将该页面逆时针旋转90°，恢复图像到原来的状态，如图9-58和图9-59所示。

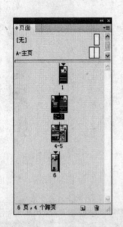

图9-58　"页面"面板　　　　　　　　　　　图9-59　旋转页面

3. 以多页跨页作为文档的开始

选择页面1，如图9-60所示，执行"版面"|"页面和章节选项"命令，打开"页面和章节选项"对话框，参照图9-61所示，设置对话框参数，单击"确定"按钮完成设置，得到图9-62所示效果。

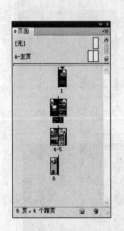

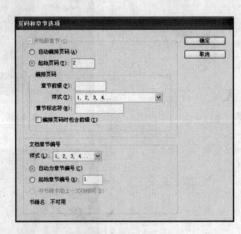

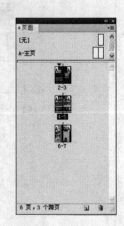

图9-60　"页面"面板　　　　　图9-61　"页码和章节选项"对话框　　　　　图9-62　"页面"面板

4. 添加新页面

（1）单击"页面"面板右上角的█按钮，在弹出的快捷菜单中选择"插入页面"命令，打开"插入页面"对话框，如图9-63所示，设置对话框参数，单击"确定"按钮完成设置，即可插入新的页面，如图9-64所示。

下面介绍"插入页面"对话框中各个选项的含义。

• 页数：根据需要输入数值，即可指定插入的页数。

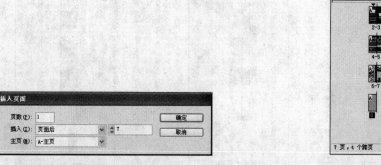

图9-63 "插入页面"对话框 图9-64 插入页面

· 插入：单击该下拉列表框，可以选择插入页面的位置，包括页面后、页面前、文档开始及文档末尾。其后方的数值微调框用来控制在指定位置后第几页插入页数。

· 主页：在该下拉列表框中选择在哪一主页控制的页面中插入页面。

（2）单击"页面"面板底部的"创建新页面"按钮 ，即可创建新页面，如图9-65和图9-66所示。

5. 移动和复制页面和跨页

（1）参照图9-67所示，拖动页面3到页面7的后面，释放鼠标后，完成页面的移动，如图9-68所示。

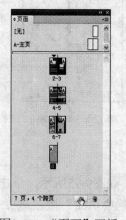

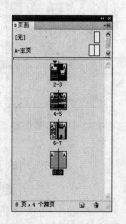

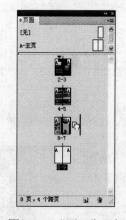

图9-65 "页面"面板 图9-66 创建新页面 图9-67 "页面"面板

（2）拖动页面6到"页面"面板底部的"创建新页面"按钮 上，释放鼠标后，将该页面复制，如图9-69和图9-70所示。

6. 创建多页跨页

（1）单击"页面"面板右上角的 按钮，在弹出的快捷菜单中选择"允许文档页面随机排布"命令，即可创建多页跨页。

（2）参照图9-71所示，拖动页面4到页面3后面，这时鼠标指针转换为 状态，释放鼠标后，可将三个页面组合成一个跨页，如图9-72所示。

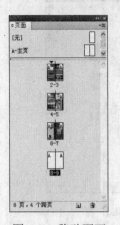
图9-68　移动页面

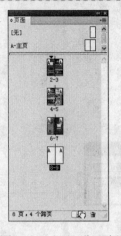
图9-69　"页面"面板

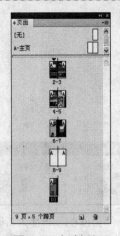
图9-70　复制页面

（3）使用相同的方法，拖动页面5到页面6的前面，如图9-73所示，当鼠标指针转换为 状态时松开鼠标，将三个页面组合成一个跨页，如图9-74所示。

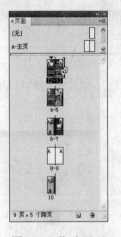
图9-71　移动页面

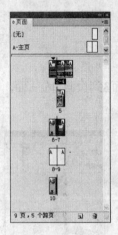
图9-72　创建多页跨页

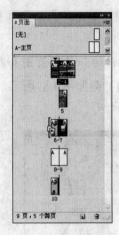
图9-73　移动页面

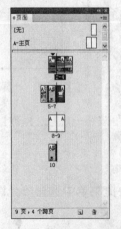
图9-74　创建多页跨页

7. 删除页面

（1）选择页面10，如图9-75所示，单击"页面"面板底部的"删除选中页面"按钮 ，弹出"警告"提示框，如图9-76所示，单击"确定"按钮，关闭对话框，将该页面删除，如图9-77所示。

（2）单击8-9页面的名称，将该跨页选中，如图9-78所示，单击"页面"面板底部的"删除选中页面"按钮 ，将其删除，如图9-79所示。

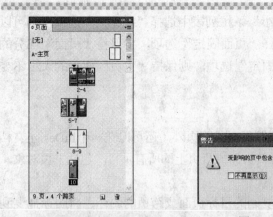

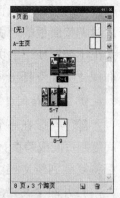

图9-75 选中页面　　　　　图9-76 "警告"提示框　　　　图9-77 删除页面

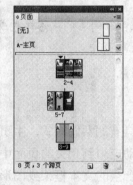

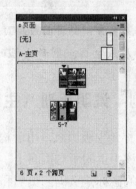

图9-78 选择页面　　　　　　　图9-79 删除页面

8. 更改页面面板显示

单击"页面"面板右上角的 ▾≡ 按钮，在弹出的菜单中选择"面板选项"命令，打开"面板选项"对话框，如图9-80所示。在该对话框中可以设置页面、主页图标大小，以及"页面"面板显示模式和版面大小。

在"面板版面"设置区域中单击"页面在上"单选按钮，页面图标将显示在主页图标之上，取消选中"页面"和"主页"中的"垂直显示"复选项，页面和主页图标将水平显示，如图9-81所示。

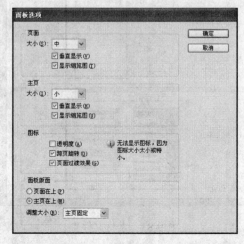

图9-80 "面板选项"对话框

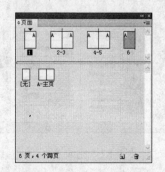

图9-81 设置"页面"面板

若在"面板版面"设置区域中的"调整大小"下拉列表中选择"按比例"选项，则可以同时调整面板的"页面"和"主页"部分；选择"页面固定"选项，将保持"页面"部分的大小不变而使"主页"部分增大；选择"主页固定"选项，则保持"主页"部分的大小不变而使"页面"部分增大。

9. 在文档间复制页面

除了可以在一个InDesign"页面"面板中复制页面或跨页外，还可以在两个InDesign文档间复制页面或跨页。被复制的文档页面或跨页，其页面或跨页上的所有项目，包括主页对象，都将复制到新文档中。

打开两个文档，在"页面"面板中选择要复制的目标页面或跨页的图标，将图标拖曳到另一个文档的窗口中即可。被复制的文档页面或跨页将自动添加到文档页面的末尾。

 如果要复制的页面或跨页中包含与新文档中的对应部分同名的段落样式或字符样式、图层或主页，则新文档的设置将应用到该页面或跨页中。

9.4 实例：说明手册（主页）

主页又称为主版页面，用于构造出版物中多个页面所具有的共同格式，主页上的对象将显示在应用该主页的所有页面上。对主页进行的修改会自动应用到相关的页面中。主页上通常包含重复的徽标、页码、页眉和页脚等内容，还可以包含空的文本框架或图形框架，以作为文档页面上的占位符。

下面将以制作说明手册为例，向读者讲解主页的创建、编辑、复制、删除等一系列操作，图9-82所示为本实例的完成效果。

1. 打开主页

（1）执行"文件"|"打开"命令，打开配套素材/Chapter-09/"手册.indd"文件，效果如图9-83所示。

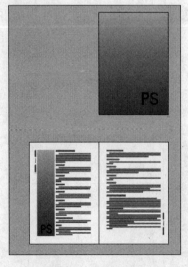

图9-82　完成效果

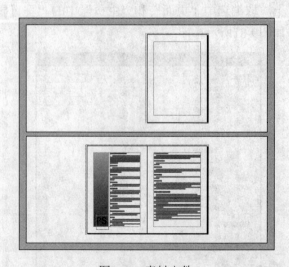

图9-83　素材文件

（2）双击"页面"面板中"A-主页"主页的名称，即可打开主页，如图9-84和图9-85所示。

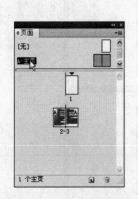

图9-84 "页面"面板

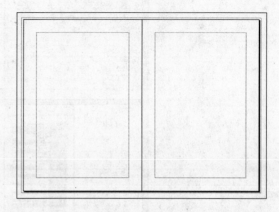

图9-85 显示主页

2. 编辑主页

（1）参照图9-86所示，使用"文字工具" T 和"矩形工具" 在页面中添加文本并绘制图形。

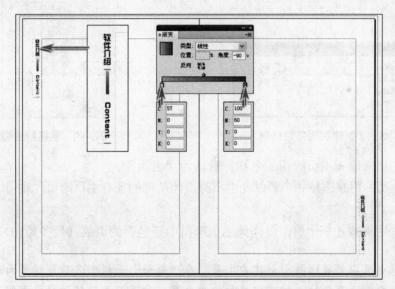

图9-86 添加文字

（2）在"页面"面板中双击页面1的名称，即可观察效果，如图9-87所示。

3. 创建主页

（1）单击"页面"面板右上角的 按钮，在弹出的快捷菜单中选择"新建主页"命令，打开"新建主页"对话框，如图9-88所示，设置对话框参数，完成设置后单击"确定"按钮创建新主页，如图9-89所示。

下面介绍"新建主页"对话框中各个选项的含义。

· 前缀：用来输入一个前缀，以标识"页面"面板中的各个页面所应用的主页，最多可以键入4个字符。默认前缀为A、B、C等。

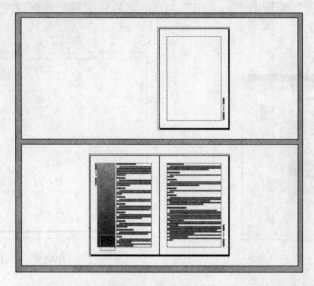

图9-87　显示效果

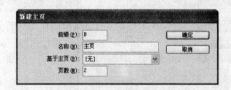

图9-88　"新建主页"对话框

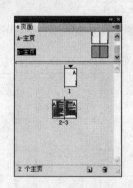

图9-89　创建新主页

- 名称：用来输入主页跨页的名称。默认为"主页"。

- 基于主页：用来选择一个要以此主页跨页为基础的现有主页跨页。也可以选择"无"选项。

- 页数：用来输入一个值，以作为主页跨页中要包含的页数（最多为10）。

用户也可以将普通页面创建为主页。在"页面"面板中，将目标页面或跨页图标直接拖曳到主页区域，即可将其创建为主页，该页面上的任何对象都将成为新主页的组成部分，如图9-90和图9-91所示。如果页面已经应用了主页，则新主页将是基于该主页的子主页。

　　（2）参照图9-92所示，使用"文字工具" T 和"矩形工具" 　 在页面中添加文本并绘制图形，并为矩形添加渐变填充效果，此时的"页面"面板如图9-93所示。

　　4. 应用主页

　　双击"页面"面板中页面1的名称，选中并显示页面1，然后按住键盘上的Alt键单击"B-主页"主页，即可将主页应用到当前页面中，观察"页面"面板，使页面1显示"B-主页"主页内容，如图9-94和图9-95所示。

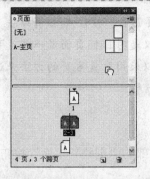

图9-90 拖曳页面

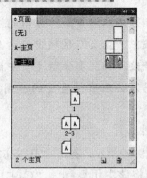

图9-91 创建主页

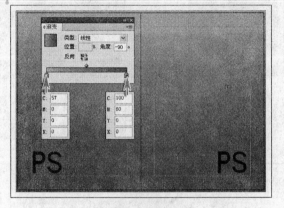

图9-92 为矩形添加渐变填充效果

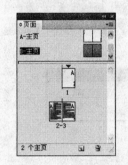

图9-93 "页面"面板

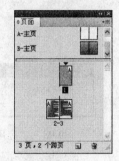

图9-94 选择页面

　　用户除了可以将创建好的主页应用于单个页面，还可以应用于单零点跨页，以及多个连续或不连续的页面。

　　·应用于单零点跨页：在"页面"面板中将主页图标拖曳到跨页的角点上，当黑色矩形围绕所需跨页中的所有页面时，释放鼠标即可，如图9-96和图9-97所示。

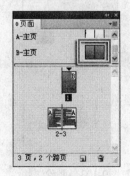

图9-95 应用主页

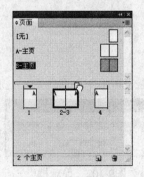

图9-96 拖曳主页

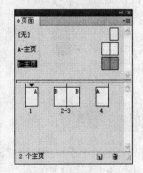

图9-97 应用主页

　　·应用于多个页面：在"页面"面板中，选取多个目标页面，按Alt键并单击目标主页即可。另外，也可以执行"页面"面板菜单中的"将主页应用于页面"命令，在打开的"应用主页"对话框中选择一个主页，在"于页面"文本框中输入所需的页面，例如"2-5，8-10"，如图9-98所示，然后单击"确定"按钮即可。

如果想取消页面所应用的主页，则在选择目标页面后，按住Alt键并单击"页面"面板中"主页"区域中的"无"图标即可。如果仅是对目标页面做一些主页上的轻微修改，而又要保留主页中的其他对象，这时可以采用覆盖主页的方法来达到目的，而不必取消该主页的应用。

5. 复制主页

参照图9-99所示，拖动"B-主页"到"页面"面板底部的"创建新页面"按钮 处，释放鼠标后，将该主页复制为"C-主页"，如图9-100所示。

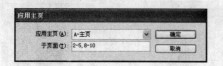

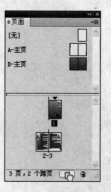

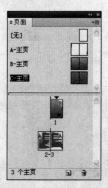

图9-98　"应用主页"对话框　　　　图9-99　"页面"面板　　　　图9-100　复制主页

6. 删除主页

（1）双击"B-主页"主页的名称，将其选中，如图9-101所示，单击"页面"面板底部的"删除选中页面"按钮 ，弹出"Adobe InDesign"提示框，如图9-102所示，单击"确定"按钮，关闭对话框，即可将选中的主页删除，如图9-103所示。

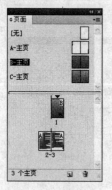

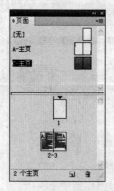

图9-101　选中主页　　　　　　图9-102　提示框　　　　　　图9-103　删除主页

（2）单击页面1的名称，选择该页面，按住键盘上的Alt键单击"C-主页"主页，将该主页应用到当前页面中，如图9-104和图9-105所示。

7. 重新编辑主页

如果用户想更改主页的前缀和名称，或者另外选择主页所基于的父主页或其页数，则可以通过"主页选项"对话框来完成。

具体操作时，首先在"页面"面板中单击主页区域左侧的主页名称，选择一个跨页主页。

然后执行面板菜单中相应的主页选项命令，如"'B-主页'的主页选项"，打开"主页选项"对话框，如图9-106所示。在"主页选项"对话框中设置选项后，单击"确定"按钮即可。

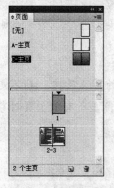

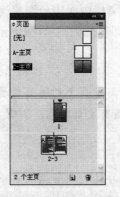

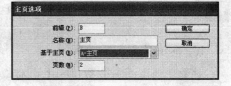

图9-104　选择页面　　　　图9-105　应用主页　　　　图9-106　"主页选项"对话框

8. 覆盖主页对象

在编排印刷出版物时，为了使某一页面（例如，每章节的第一页）与其他页面有所区别，往往需要对该页面所应用的主页元素（例如，装饰图形、页面边框、页眉线、页码页脚）稍做修改。为达到这个目的，用户可以不必为该页面重新创建主页或子主页，仅通过"覆盖单个主页对象"或"覆盖全部主页项目"功能即可。

• 覆盖单个主页对象：在文档页面中按Ctrl+Shift快捷键，单击属于主页的任何对象，即可激活并重新编辑该对象。

• 覆盖全部主页项目：如果想在页面中修改多个或全部主页上的对象，可通过"页面"面板选择目标页面后，执行面板菜单中的"覆盖全部主页项目"命令或按下Alt+Shift+Ctrl+L快捷键，即可在普通文档页面中对主页的所有对象进行修改，如图9-107所示。

> **提示**　如果覆盖了特定页面上的主页项目，则可以重新应用该主页。

9. 分离主页对象

分离主页对象就是在普通的文档页面中将主页对象从其主页中提取出来，被分离的对象将与主页断开链接关系，即分离后的对象将不再随主页更新。

• 分离单个主页对象：在文档页面中按Ctrl+Shift快捷键，并单击属于主页的目标对象，再执行"页面"面板菜单中的"从主页分离选区"命令即可。

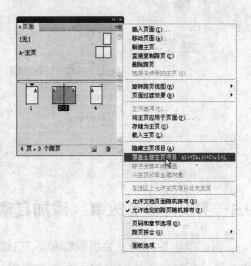

图9-107　覆盖全部主页项目

提示 使用此方法覆盖串接的文本框架时，将覆盖该串接中的所有可见框架，即使这些文本框架分别位于各个跨页中。

·分离所有被覆盖的主页对象：要想在文档页面中分离所有已被覆盖的主页对象，执行面板菜单中的"从主页分离全部对象"命令即可，如图9-108所示。如果该命令不可用，则说明该页面或跨页中含有没有被覆盖的对象。

提示 "从主页分离全部对象"命令将分离跨页上的所有已被覆盖的主页对象，而不是全部主页对象。如果要分离跨页上的所有主页对象，则需要首先覆盖所有的主页对象。

10. 取消覆盖主页对象

对于文档页面中被覆盖的主页对象，还可以取消覆盖，并重新建立与主页的链接关联，即当再次在主页上编辑该对象时，显示在文档页面中的对象也会跟着变化。不过一次只能取消一个跨页对象的覆盖，而不能同时对多个跨页对象取消覆盖。

对于被分离的主页对象，则无法将其与主页重新恢复链接关联。但是，可以在文档页面中删除被分离的对象，然后再重新将主页应用到该文档页面上。

·取消多个对象的覆盖：要取消跨页中一个或多个对象的覆盖，首先选择文档页面中被覆盖的目标对象，然后在"页面"面板中选择目标跨页，执行"页面"面板菜单中的"移去选中的本地覆盖"命令，被选择的覆盖对象即可自动与主页对象保持一致。

·取消跨页中所有对象的覆盖：在文档页面中不要选择任何对象，然后在"页面"面板中选择目标跨页，执行面板菜单中的"移去全部本地覆盖"命令即可，如图9-109所示。

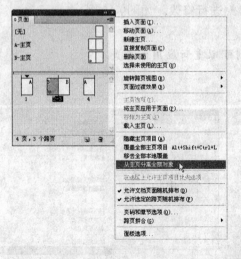

图9-108　从主页分离全部对象

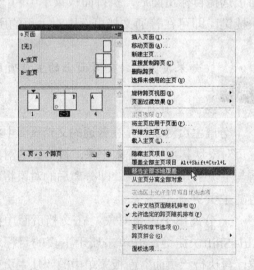

图9-109　移去全部本地覆盖

9.5　实例：寓言故事（添加自动更新的页码）

页码是出版物的重要组成部分。在InDesign CS4中，可以使用自动页码，也可以对页面和章节重新编号，为指定的页面改变页码。虽然在一个文档中最多只能容纳9999个页面，但是页码却可以编排到99999。

下面将以制作寓言故事为例，向大家详细讲解关于页码设置的相关操作，完成效果如图9-110所示。

图9-110 完成效果

1. 编辑主页

（1）执行"文件"｜"打开"命令，打开配套素材/Chapter-09/"故事.indd"文件，效果如图9-111所示。

图9-111 素材文件

（2）在"页面"面板中，双击"A-主页"主页的名称，即可打开主页，如图9-112所示。

（3）使用"文本工具" T 在页面右下角绘制文本框，执行"文字"｜"插入特殊字符"｜"标志符"｜"当前页码"命令，即可插入当前页码符，如图9-113所示。

（4）使用相同的方法，在页面左下角位置插入当前页码符，如图9-114所示。

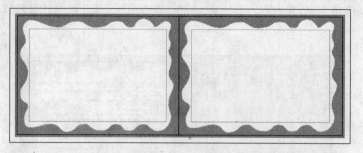

图9-112　主页效果

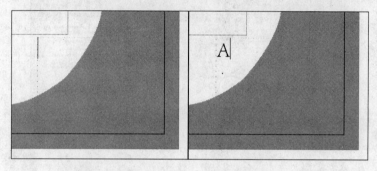

图9-113　插入当前页码符

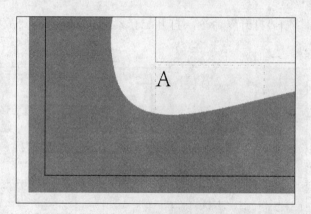

图9-114　插入页码符

（5）在"页面"面板中双击页面1的名称，回到页面中，可以看到当前页码符显示为当前页码，效果如图9-115所示。

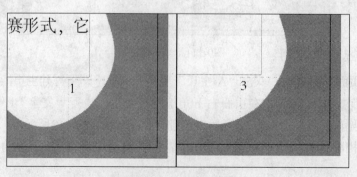

图9-115　显示当前页码

2. 定义页码格式

（1）回到"A-主页"主页中，将页码符选中，如图9-116所示，在"字符"面板中，设置当前页面符格式，即可调整页码的格式，如图9-117所示。

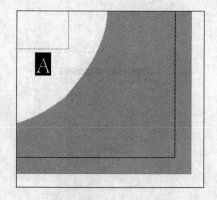

图9-116 选中页码符

图9-117 "字符"面板

（2）双击2-3页面的名称，回到页面中，得到图9-118所示效果，

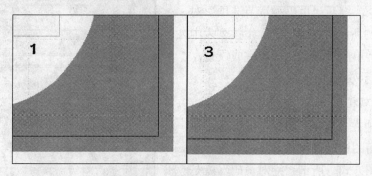

图9-118 定义页码格式

3. 编辑和移去页码

（1）保持2-3页面为选中状态，执行"版面"|"页面和章节选项"命令，打开"新建章节"对话框，将"起始页码"单选框勾选，并输入数值4，如图9-119所示，单击"确定"按钮，关闭对话框，使选择的页面开始新的页码，如图9-120所示。

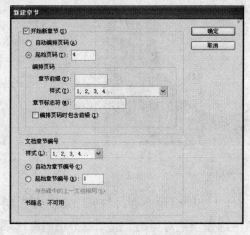

图9-119 "新建章节"对话框

图9-120 "页面"面板

（2）执行"版面"|"页面和章节选项"命令，打开"页码和章节选项"对话框，如图9-121所示，取消勾选"开始新章节"选项，使当前页面跟随前面的页码，如图9-122所示。

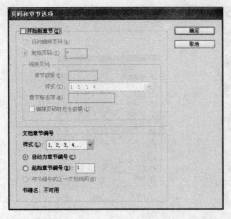

图9-121   "页码和章节选项"对话框

图9-122   "页面"面板

（3）选择页面1，执行"版面"|"页面和章节选项"命令，打开"页码和章节选项"对话框，如图9-123所示，在"样式"下拉列表中选择一种样式，单击"确定"按钮完成设置，得到图9-124所示效果。

4. 设置页码视图方式

为了更好地在"页面"面板中区分各个章节，可以对页面图标设置"章节页码"或"绝对页码"的视图方式。所谓"绝对页码"就是指在"页码和章节选项"对话框中无论对页码选择何种样式，在"页面"面板中页面的标识

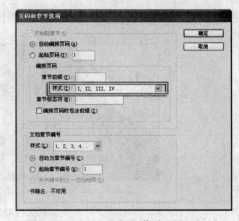

图9-123   "页码和章节选项"对话框

符号从头到尾始终都使用连续的阿拉伯数字对页面进行标记；章节页码则是在"页码和章节选项"对话框中选择的页码样式，不仅会反映到文档页面中，而且也会在"页面"面板中显示出来。

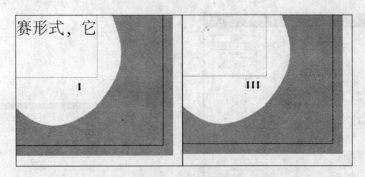

图9-124   页面效果

具体操作时，首先执行"编辑"|"首选项"|"常规"菜单命令，打开"首选项"对话框，然后在"页码"选项区中的"视图"下拉列表中选择"绝对页码"或"章节页码"选项，如图9-125所示。单击"确定"按钮后，即可完成页码的视图方式设置，如图9-126所示。

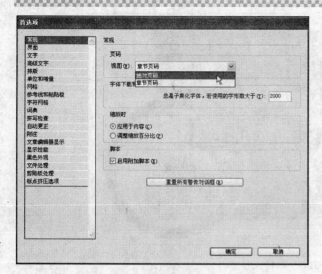

图9-125　设置页码视图方式

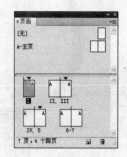

图9-126　设置章节页码效果

9.6　实例：宣传海报（设置版面调整选项）

　　用户制作完成的设计作品，通常不能够恰到好处地表现出完整的效果，因此要对版面进行一些调整，例如隐藏文本框架、页面方向、图形或组的大小，以及是否可以移动标尺和参考线的位置等操作。经过版面调整的作品，会更具美观与完整性，也解决了百密必有一疏的问题。

　　下面将制作图9-127所示的宣传海报，在此过程中向大家讲解关于版面调整的一系列操作。

1. 版面调整原则

　　当版面严格地基于一个边距、栏和标尺参考线的框架并且对象靠齐参考线时，启用"版面调整"功能就可以产生一个可预见的结果。而当对象没有遵守边距、栏和参考线时，或者在页面中混乱地堆放，启用"版面调整"功能则产生一个不可预见的结果。版面调整不受文档网格或基线网格的影响。

2. 显示或隐藏框架边缘

　　（1）执行"文件"|"打开"命令，打开配套素材/Chapter-09/"宣传海报原文件.indd"文件，效果如图9-128所示。

图9-127　宣传海报

　　（2）执行"视图"|"隐藏框架边缘"命令，将文本的框架隐藏，如图9-129所示。

　　（3）执行"视图"|"显示框架边缘"命令，显示隐藏的文本框架，如图9-130所示。

图9-128 素材文件

图9-129 隐藏框架边缘

图9-130 显示框架边缘

3. 关于自动版面调整

（1）执行"文件"|"页面设置"命令，打开"页面设置"对话框，如图9-131所示，设置页面方向，单击"确定"按钮完成设置，得到图9-132所示效果。观察页面，仅仅对页面方向进行了调整，而页面内容没有任何改变。

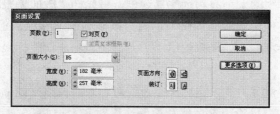

图9-131 "页面设置"对话框

图9-132 设置页面

（2）按Ctrl+Z快捷键，还原上一步"页面设置"操作，效果如图9-133所示。

图9-133 还原页面效果

（3）执行"版面"|"版面调整"命令，打开"版面调整"对话框，如图9-134所示，勾选"启用版面调整"复选框，单击"确定"按钮完成设置。

下面介绍"版面调整"对话框中各个选项的含义。

• 启用版面调整：勾选该复选框，则在每次更改页面大小、页面方向、边距或分栏时都将进行版面调整。

• 靠齐范围：输入一个值，指定要使对象在版面调整过程中靠齐最近的边距参考线、栏参考线或页面边缘，该对象需要与其保持多近的距离。

• 允许调整图形和组的大小：勾选此复选框，将允许"版面调整"功能缩放图形、框架和组，如果取消选择，使用"版面调整"仍然可以移动图形和组，但不能调整其大小。

• 允许移动标尺参考线：如果想使用"版面调整"功能调整标尺参考线的位置，可以勾选此复选框。

• 忽略标尺参考线对齐方式：当标尺参考线对于版面调整来说位置不合适时，可以勾选该复选框，对象仍将与栏、边距参考线和页面边缘对齐。

• 忽略对象和图层锁定：勾选此复选框，可以通过"版面调整"功能重新定位被分别锁定或由于处在锁定图层而被锁定的对象。

（4）执行"视图"|"页面设置"命令，打开"页面设置"对话框，如图9-135所示，设置页面方向，单击"确定"按钮完成设置，得到图9-136所示效果。

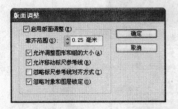

图9-134　"版面调整"对话框

图9-135　"页面设置"对话框

图9-136　设置页面方向

课后练习

1. 设计制作图9-137所示的书籍封面。

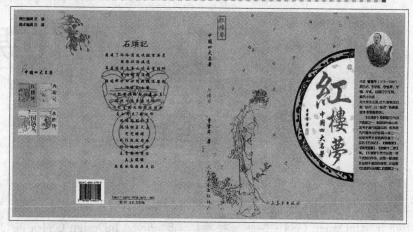

图9-137　书籍封面

要求：

（1）创建新文档。

（2）创建参考线。

（3）添加设计元素。

2. 设计制作杂志内页，效果如图9-138所示。

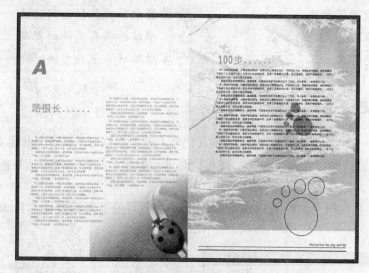

图9-138　杂志内页

要求：

（1）创建新文档。

（2）添加设计元素。

（2）进行版面调整。

3. 创建一个7页的文档。

要求：

在该文档中新建一个主页，在该主页中仅设置偶数页页码；在默认的主页中仅设置奇数页页码；将新建主页应用于所有偶数页，默认主页应用于所有奇数页；将奇偶页的页码样式设置为不同的样式。

编辑书籍与目录

本课知识结构

在本课中将介绍InDesign CS4中编辑书籍与目录的功能。InDesign CS4提供的书籍功能，可以方便地管理长文档，并通过样式源文档来同步书籍中包含的多个文档，以保证书籍格式的统一。此外，使用目录管理功能，还可以快速地为书籍创建目录，打印或导出整个书籍或选中的部分章节。希望读者通过本课的学习，可以较为完整地掌握关于编辑书籍与目录方面的知识，以便在日后学以致用。

就业达标要求

☆ 正确创建书籍文件　　　　　☆ 掌握书籍文件的使用方法

☆ 掌握同步书籍文件的方法　　☆ 正确编排书籍文件的页码

☆ 正确创建目录　　　　　　　☆ 掌握编辑目录的方法

实例：美术史（书籍文件）

书籍文件是一个可以共享样式和色板的文档集，一个文档可以被多个书籍文件同时使用。在书籍文件中可以按顺序为编入书籍的文档页面进行编号，打印书籍中选定的文档或者将它们导出到PDF。

接下来制作美术史书籍，通过整个制作过程来学习关于书籍文件和目录的创建及编辑方法。

图10-1　"新建书籍"对话框

1. 新建书籍文档

执行"文件"|"新建"|"书籍"命令，打开"新建书籍"对话框，如图10-1所示，设置书籍的名称，单击"保存"按钮，关闭对话框，打开"美术史"书籍调板，如图10-2所示。

2. 添加、删除文档

如图10-3所示，单击"美术史"书籍调板底部的"添加文档"按钮，打开"添加文档"对话框，如图10-4所示，选择配套素材/Chapter-10/"高更.indb"、"后印象

".indb"、"目录.indb" 和 "塞尚.indb" 文件,单击 "打开" 按钮,将选中的文件添加到书籍中,如图10-5所示。

图10-2 书籍调板

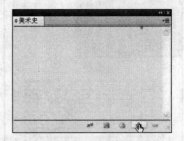

图10-3 书籍调板

图10-4 "添加文档"对话框

图10-5 添加文档

 提示 如果添加的文档在章节排列顺序上有错,可以在 "书籍" 面板中拖动文档到适当的顺序,每次拖动都会对整个书籍进行重新分页,同时打开 "正在更新页面和章节页码" 对话框。

3. 打开书籍文档

在书籍调板中,双击需要打开的文档名称,即可将文档打开,在书籍调板中已打开的文档的页码后面会显示 图标,如图10-6和图10-7所示。

图10-6 书籍调板

4. 同步书籍文档

(1)在书籍调板中,双击 "塞尚" 文档名称,打开该文档,如图10-8和图10-9所示。

(2)如图10-10所示,在 "塞尚" 文档名称左侧单击,调整 "样式源标识" 位置。

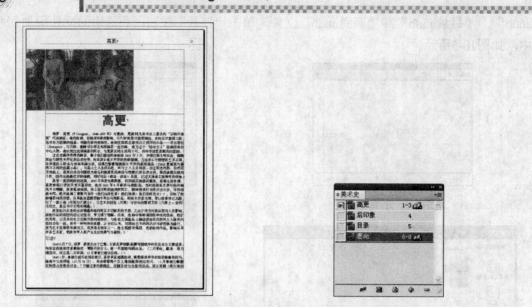

图10-7　打开文档

图10-8　书籍调板

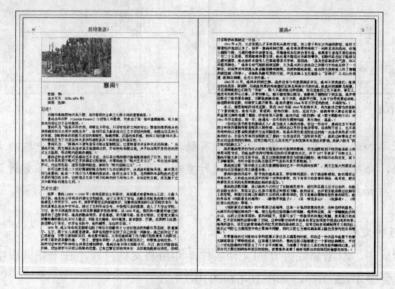

图10-9　打开文档

（3）单击"高更"文档名称，选择该文档，如图10-11所示。

（4）单击"美术史"书籍调板底部的"使用'样式源'同步样式和色板"按钮 ，如图10-12所示，打开"书籍'美术史.indb'"提示框，提示同步文档已完成，如图10-13所示，单击"确定"按钮，关闭对话框，更改选中文档的样式和色板，如图10-14所示。

图10-10　书籍调板

图10-11　选择文档

图10-12　书籍调板

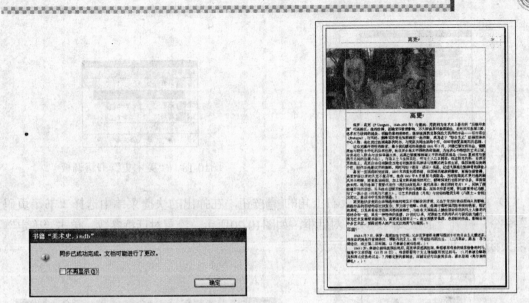

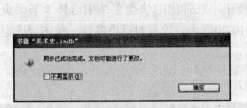

图10-13 提示框

图10-14 更改文档的样式和色板

 单击"美术史"书籍调板右上角的 <u>▼</u> 按钮，在弹出的快捷菜单中选择"同步选项"命令，打开"同步选项"对话框，如图10-15所示，可以根据需要设置其选项。

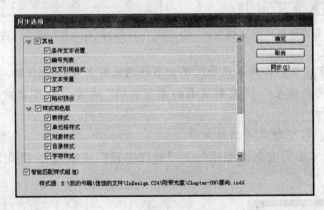

图10-15 "同步选项"对话框

5. 管理书籍文件

（1）如图10-16所示，在"美术史"书籍调板中拖动"目录"文档到"高更"文档上面，释放鼠标后，完成对文档位置的调整。观察"美术史"书籍调板，如图10-17所示，文档页码也随之改变。

（2）使用相同的方法，拖动"后印象"文档到"高更"文档上方，调整文档位置，得到图10-18所示效果。

6. 编排页码

（1）如图10-19所示，在"美术史"书籍调板空白处单击，取消选择任何文档。

图10-16 书籍调板

图10-17　调整文档位置

图10-18　"美术史"书籍调板

（2）单击"美术史"书籍调板右上角的 按钮，在弹出的快捷菜单中选择"书籍页码选项"命令，打开"书籍页码选项"对话框，如图10-20所示，设置对话框参数，单击"确定"按钮，关闭对话框，得到图10-21所示效果。

图10-19　取消选择任何文档

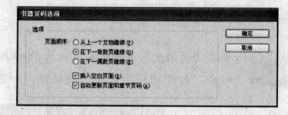

图10-20　"书籍页码选项"对话框

如果书籍中文档的页码不正确，单击书籍调板右上角的 按钮，在弹出的快捷菜单中选择"更新编号"|"更新页面和章节页码"命令，即可自动更新页码。

7. 打开、保存、打印和关闭书籍文件

（1）单击"美术史"书籍调板底部的"储存书籍"按钮 ，即可将书籍保存，如图10-22所示。

图10-21　书籍调板

图10-22　保存书籍

（2）单击"美术史"书籍调板右上角的 按钮，即可关闭书籍调板。

（3）执行"文件"|"打开"命令，打开"打开文件"对话框，选择需要的文件，单击"打开"按钮，将打开需要的文件。

（4）单击"美术史"书籍调板底部的"打印书籍"按钮 ，打开"打印"对话框，如图10-23所示，单击"确定"按钮，即可将书籍打印。

8. 生成目录

目录是一篇由标题和条目列表组成的独立文章，一个文档可以包含多个目录。目录中可以列出出版物的内容或显示插图列表等信息，也可以包含有助于读者在出版物中查找信息的其他内容。

每个目录都按页码或字母顺序排序，条目和页码直接从文档内容中提取，并可以随时更新，甚至可以跨越同一书籍文件中的多个文档进行该操作。

在为书籍创建目录之前，必须确认以下几点。

· 文档已全部添加到书籍文件中，并且文档间的顺序是正确的，文档中的所有标题都应用了适当的段落样式。

· 在书籍文档中所有段落样式的应用是一致的。如果多个样式名称相同，但样式的定义不同，**InDesign CS4**将会使用当前文档中的定义或在书籍中第一次出现时的定义。

· 必要的样式已经全部出现在"目录"对话框中。如果必要的样式没有出现，必须通过同步操作，将要使用的样式复制到包括目录的所有文档中。

（1）如图10-24所示，双击"目录"文档的名称，打开该文档，得到如图10-25所示效果。

图10-23 "打印"对话框　　　　　　　　　　　　　　图10-24 书籍调板

（2）执行"版面"|"目录"命令，打开"目录"对话框，如图10-26所示，在"样式"下拉列表中选择"题目"选项，调整生成后的标题样式。

（3）如图10-27所示，在"其他样式"下拉列表中选择"题目1"样式，单击"添加"按钮，将"题目1"样式添加到"包含段落样式"中，如图10-28所示。

（4）单击"目录"对话框中的"更多选项"按钮，显示更多选项，如图10-29所示，在"条目样式"下拉列表中选择"题目1"选项，设置文本的样式，其中"页码"选项为页码设置位置，设置"样式"下拉列表为"目录页码"选项，设置生成后页码的样式。

（5）使用相同的方法，继续在"目录"对话框中设置参数，如图10-30所示，单击"确定"按钮，关闭对话框。

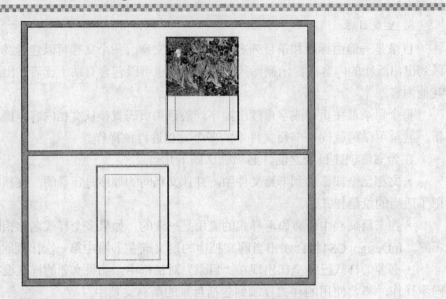

图10-25 打开文档

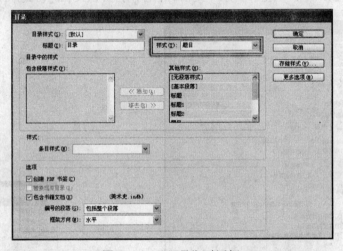

图10-26 "目录"对话框

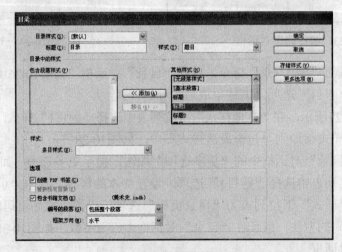

图10-27 设置其他样式

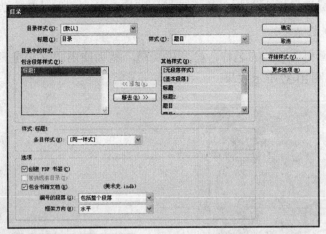

图10-28　添加其他样式

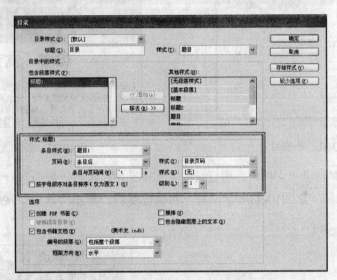

图10-29　设置样式

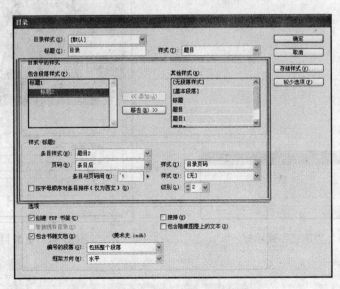

图10-30　"目录"对话框

（6）这时鼠标指针发生变化，单击页面，即可创建目录，如图10-31所示。

9. 编辑和更新目录

（1）双击"高更"文档的名称，打开该文档，然后使用"文字工具" T 在文档中输入相关文字，得到如图10-32所示效果。

图10-31　添加目录

图10-32　添加文字

（2）切换到"目录"文档中，将目录的文本框选中，执行"版面"|"更新目录"命令，弹出"信息"提示框，如图10-33所示，提示目录已更新，单击"确定"按钮完成设置，效果如图10-34所示。

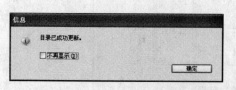

图10-33　"信息"提示框

图10-34　更新目录

课后练习

1. 简答题

（1）同步操作有什么作用？同步的过程是怎样的？

（2）怎样修改书籍文件的页码？

（3）关闭自动更新功能后有什么不同？

（4）简述创建目录之前的准备工作。

（5）简述创建带有定位前导符的目录的过程。

2. 操作题

创建图10-35所示的书籍目录。

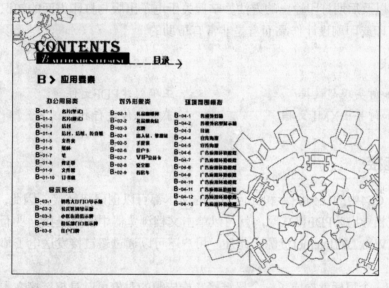

图10-35　书籍目录

要求：

（1）新建文档。

（2）创建段落样式。

（3）创建目录样式。

第11课

电子出版与打印

本课知识结构

在本课中将介绍如何将InDesign CS4中制作的文件通过格式的转换，形成PDF和XML等电子出版物，以及后期打印输出的方法。掌握关于电子出版与打印方面的知识，对于正确地输出文档、打印或印刷设计作品而言是非常有帮助的。

就业达标要求

☆ 掌握如何实现超链接　　　　　　☆ 正确创建PDF文件

☆ 掌握如何导出XML文档　　　　　☆ 了解如何进行打印设置

11.1　超链接

InDesign CS4中的任何图形和任何范围的文本都可以创建超链接，因此，当将InDesign默认格式的文档导出为PDF格式时，就可以单击文档浏览器中的超链接，从而跳转到另一个对象、页面或Web上的Internet资源，此外，用户还可以通过超链接发送电子邮件或下载网上的文件。

一个源和一个目标就构成了一个超链接。构成源的对象可以是超链接文本、超链接文本框架或超链接图形框架，目标则可以是超链接跳转到的URL、文本中的位置或页面。对于超链接来说，一个源只能跳转到一个目标，而任意数目的源则可以跳转到同一目标。

1. 超链接的基本概念

为方便读者理解，Adobe InDesign CS4引入了来源和目标的概念，来源和目标就是一部分文本和另一部分文本，或一部分文本和某个图形，或图形与图形之间的链接点，完成了来源和目标点的设置，它们之间就存在了相互链接，即称为"超链接"（Hyperlink）。这样一来，在浏览器中，只要单击来源，就可实现从一部分文本到另一部分文本的跳转，甚至在整个浏览器上跳转，从而实现了全球范围的浏览。

2. 创建超链接目标

在InDesign CS4中，使用"超链接"面板来创建、导入、编辑和管理超链接。选择"窗口"|"交互"|"超链接"命令，打开"超链接"面板，如图11-1所示。

如果要在同一出版物中实现超链接跳转，首先要创建超链接目标，然后再将目标与某一来源链接，从而创建出一个超链接。在InDesign CS4中共有3种不同类型的超链接目标。

· "页面"目标：InDesign CS4出版物的页面或页面内的对象。

- "文本锚点"目标：来源在同一出版物中的任何文本。
- URL目标：Internet上资源（如Web页、影片或PDF文件）的位置。

单击"超链接"面板右上角的 按钮，在弹出的面板菜单中选择"新建超链接目标"命令，打开"新建超链接目标"对话框，如图11-2所示。

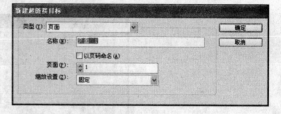

图11-1　"超链接"面板　　　　　　　图11-2　"新建超链接目标"对话框

要创建不同的目标，可以通过在"类型"下拉列表框中选择不同的选项来实现。

- 创建"页面"目标：首先在"类型"下拉列表中选择"页面"选项，然后对各项参数进行设置。其中，选中"以页码命名"复选框后，可以用目标所在页面的页号来命名目标，如果取消选中，则用户可以在"名称"文本框中输入描述目标特征的名称。"页面"微调数值框用于设置目标页面的页号。在"缩放设置"下拉列表中可以选择当跳转到当前目标时目标在窗口中的位置和视图大小，如图11-3所示。

- 创建"文本锚点"目标：选择希望成为锚点的文本插入点或文本范围，使用"文字工具"T选中某些文本或将指针放在文字块中使其显示一个插入点，在"类型"下拉列表框中选择"文本锚点"选项。在"名称"文本框中可以输入锚点的名称，如图11-4所示。

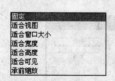

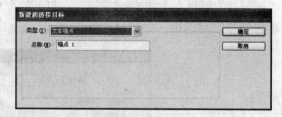

图11-3　"缩放设置"下拉列表　　　　图11-4　创建"文本锚点"目标

- 创建"URL"目标：在"类型"下拉列表框中选择"URL"选项，在"名称"文本框中输入目标的名称，在"URL"文本框中输入一个有效的URL地址，如图11-5所示。

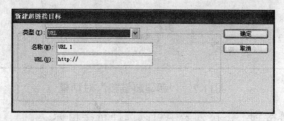

图11-5　创建"URL"目标

"URL"目标的名称必须是一个有效的URL地址；如果输入了一个非法的地址，Adobe InDesign CS4可能无法链接到目的地。

3. 编辑和删除超链接目标

创建完成后的超链接目标并不会显示在"超链接"面板中，而只会显示在"超链接目标选项"对话框中。在"超链接"面板中单击右上角的 按钮，在弹出的菜单中选择"超链接目标选项"命令，打开"超链接目标选项"对话框，如图11-6所示。

图11-6　"超链接目标选项"对话框

在该对话框中的"目标"下拉列表框中列出了当前出版物中创建的所有目标的名称。选择需要编辑的目标名称后，单击"编辑"按钮，可以对选中的目标进行修改；选择需要删除的目标名称后，单击"删除"按钮，可以将其删除；单击"全部删除"按钮，可以将当前出版物中建立的所有目标全部删除。

4. 建立超链接

创建或编辑超链接目标完成以后，可以使用出版物中选定的文本或图形作为来源与目标进行链接，从而创建出带有超链接的出版物。

使用"新建超链接"对话框建立超链接时，首先选中作为来源的文本或图形，然后单击"超链接"面板右上角的 按钮，在打开的面板菜单中选择"新建超链接"命令，打开"新建超链接"对话框，如图11-7所示。

图11-7　"新建超链接"对话框

- 链接到：在"链接到"下拉列表中可以选择链接目标。
- 文档：在该下拉列表中选择超链接所要跳转到的目标所在的文档名称。

- 页面："页面"微调数值框用于设置目标页面的页号。
- 缩放设置：在该下拉列表中可以选择当跳转到当前目标时目标在窗口中的位置和视图大小。
- 类型：在该下拉列表中选择超链接的外观。
- 突出：在该下拉列表中选择突出显示超链接的方式。
- 颜色：在该下拉列表中选择超链接的颜色。
- 宽度：在该下拉列表中选择超链接的边框粗细。
- 样式：在该下拉列表中选择超链接的边框样式。

设置完成后单击"确定"按钮，新建的超链接会在"超链接"面板中显示出来，对于不同类型的超链接，在超链接名称的后面会有不同的图标：⬛图标表示页面超链接，⬇图标表示文本锚点超链接，◉图标表示URL超链接，如图11-8所示。

5. 编辑和删除超链接

对于已经建立的超链接，可以通过"超链接"面板对其进行编辑或删除操作。在"超链接"面板中选中需要编辑的超链接，单击面板右上角的▼按钮，在弹出的菜单中选择"超链接选项"命令，打开该超链接的"编辑超链接"对话框，如图11-9所示。编辑完成后，单击"确定"按钮即可保存所做的修改。如果要删除超链接，首先将其选中，然后单击面板右上角的▼按钮，在弹出的菜单中选择"删除超链接/交叉引用"命令，将会打开Adobe InDesign提示框，如图11-10所示。从中单击"是"按钮，即可完成删除操作。

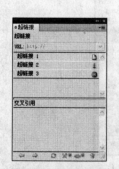

图11-8 "超链接"面板中显示
的不同超链接

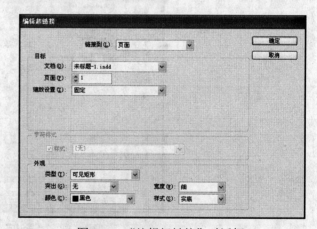

图11-9 "编辑超链接"对话框

图11-10 Adobe InDesign提示框

6. 查看超链接

超链接创建完成后，通过"超链接"面板可以查看当前文档中所有超链接的源和目标是否正确链接。

在"超链接"面板中选中一个要查看的超链接，单击"转到所选超链接或交叉引用的目标"按钮 或单击右上角的 按钮，在弹出的面板菜单中选择"转到目标"命令，即可切换到目标所在的页面。如果是URL目标，则会启动IE浏览器来打开URL目标。单击"转到所选超链接或交叉引用的源"按钮 或在弹出的面板菜单中选择"转到源"命令，即可切换到源所在的页面。

11.2 实例：创建书籍PDF文件（创建PDF文件）

InDesign CS4可以将打开的文档、书籍或书籍中的部分文档导出为PDF文档。PDF文档支持跨平台和媒体的文件交换，适合于在网上发布，只有在对InDesign CS4出版物进行了导出为PDF文档前的充分准备后，才可以开始进行导出操作。

1. 将文档导出为PDF文件

（1）在InDesign CS4中可对目前正在编辑的文档执行"文件" | "导出"命令，弹出"导出"对话框，设置完毕保存路径和"文件名"后，在"保存类型"列表框中选择"Adobe PDF"选项进行导出即可，如图11-11所示。

图11-11 "导出"对话框

（2）单击"保存"按钮后，可弹出图11-12所示的"导出Adobe PDF"对话框，用户在该对话框中可进行各选项的设置，设置完毕后单击"存储PDF"按钮，即可将当前文档创建为PDF格式文件。

在"导出Adobe PDF"对话框左侧的列表框中，列出了7个选项，单击不同的选项可以进入不同选项的设置界面，其中所有的设置都将最终影响到PDF格式文档的导出。

• "常规"选项：用于控制生成PDF文档的InDesign出版物的页码范围、导出后PDF文档页面所包含的元素，以及PDF文档页面的优化选项。

• "压缩"选项：主要针对InDesign出版物中的彩色、灰度和黑白图像，在导出为PDF文档时进行压缩控制。

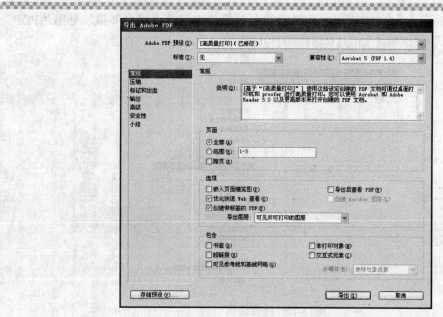

图11-12 "导出Adobe PDF"对话框

• "标记和出血"选项：用于指定导出的PDF文档页面中的打印标记、色样、页面信息，以及出血标志离版面的距离。

• "输出"选项：用于设置颜色转换。根据需要来确定将进行的配置文件转换类型，描述最终RGB或CMYK颜色的输出设备，以及显示要包含的配置文件。

• "高级"选项：可根据文档中使用的字体字符的数量，设置临界值以嵌入完整的字体，以及将图像数据发送到打印机或文件时有选择地忽略不同的导入图形类型，并且只保留OPI链接以便OPI服务器以后处理。

• "安全性"选项：当导出为Adobe PDF时，可以添加口令保护和安全性限制，不仅限制可以打开此文件的用户，而且限制可以复制或提取内容、打印文档及执行其他操作的用户。

• "小结"选项：用于将当前所做的所有设置通过列表供用户查看，并指出当前设置下出现的问题，提醒用户进行修改。

（3）完成所有的设置后，单击"导出"按钮，打开"生成PDF"对话框，提示当前导出完成的进度，如图11-13所示。

（4）导出操作完成后，即可在保存的路径中找到相应的PDF文件。

2. 将书籍导出为PDF文件

（1）执行"文件"|"打开"命令，弹出"打开"对话框，打开需要导出为PDF文件的书籍文件，如图11-14所示。

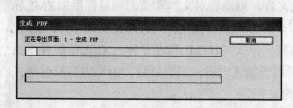

图11-13 "生成PDF"对话框

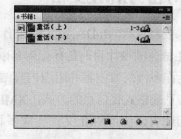

图11-14 "书籍1"面板

（2）单击面板右上角的 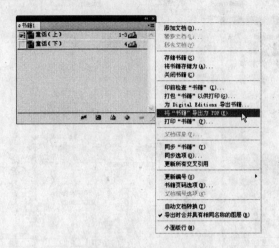 按钮，在弹出的面板菜单中选择"将'书籍'导出为PDF"命令，弹出"导出"对话框，如图11-15和图11-16所示。

图11-15　面板菜单

图11-16　"导出"对话框

（3）单击"保存"按钮，弹出"导出Adobe PDF"对话框，之后的操作与将文档导出为PDF文件的方法基本相同，在此不再详细讲述。

11.3　导出为XML文档

如果要将现有的InDesign文档导出为XML文件，则需要对文本和页面项目都添加XML标签。XML语言的设计目的是标记内容以便能以多种方式进行输出。与HTML文件一样，XML文件包括许多围绕着内容并组织内容结构的标签。但又与HTML存在差异，XML标签并不指定显示信息或格式化信息的方式，XML标签仅用于描述内容、识别项目。由于内容没有格式信息，因此可以使用XML文件生成多种不同的文档。

1. 创建XML标签

XML标签仅仅是一些数据描述，它们不包含任何格式设置指令。用户可以在"标签"面板中创建**XML**标签，首先执行"窗口"|"标签"命令，打开"标签"面板，如图11-17所示。然后单击"标签"面板右上角的 按钮，在弹出的菜单中选择"新建标签"命令，打开"新建标签"对话框，如图11-18所示。

图11-17　"标签"面板　　　　　　　　　　图11-18　"新建标签"对话框

在"新建标签"对话框的"名称"文本框中输入标签名称，**InDesign**将会检查该**XML**标签名称是否符合**XML**标准。如果标签名称中包括空格或非法字符，在单击"确定"按钮时将会出现警告信息。

在"新建标签"对话框的"颜色"下拉列表框中可以选择标签颜色，单击"确定"按钮完成标签的创建，如图11-19所示。用户也可以对多个标签使用同一颜色，如图11-20所示。

图11-19　显示创建的标签　　　　　　　　图11-20　使用相同颜色的标签

 当将标签应用于框架或框架内的文本，并执行"视图"|"结构"|"显示标签的框架"命令时，对象将显示所选择的颜色，但标签颜色不会显示在导出的XML文件中。

2. 应用标签

对页面项目应用标签时，必须注意以下事项。

• 不能向对象编组添加标签。如果要对属于编组成员的页面项目应用标签，应使用"直接选择工具" 先选中该页面项目。

• 一篇文章或一个图形框架中只能应用一个标签。

• 串接文本框架共享一个标签，该标签应用于该串接中的所有文本。

• 向图形框架添加标签时，对图形位置的引用位于导出的**XML**文件中。

• 给带标签的元素中的文本添加标签时，文本在"结构"窗口中应作为现有元素的子元素显示。

• 对框架中的元素添加标签时，**InDesign**使用"标记预设选项"对话框中指定的标签对框架自动添加标签。

• 可以给主页上的文本或图像添加标签，但无论该项目在文档页面上显示多少次，"结构"窗口中仅显示相应元素的一个实例。用户可以手动覆盖和向文档页面上显示的主页项目添加标签。覆盖的主页项目在"结构"窗口中将显示为单独的元素。

3. 导出文档

为文档的页面项目添加标签后，就可以将文档导出为XML文档。用户既可以导出所有内容，也可以仅导出指定的部分。将文档导出至XML时，仅导出带标签的内容，不导出格式或版面。如果XML结构包括带标签的图像，则可以选择将原始图像复制到"图像"子文件夹（位于存储该XML文件的文件夹）中。另外，InDesign还可以创建图像的优化版本，并将其存储在"图像"子文件夹中。

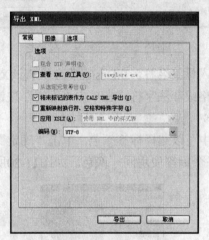

图11-21 "导出XML"对话框

如果确定已经将标签应用于所需的所有页面项目，而且"结构"窗口中的顺序和层次结构都是正确的（如果只想导出文档的一部分，可以在"结构"窗口中选择作为导出操作的预计开始位置的元素），那么执行"文件"|"导出"命令，打开"导出"对话框，在其"保存类型"下拉列表框中选择XML选项，为XML文件指定名称和位置，然后单击"保存"按钮打开"导出XML"对话框，如图11-21所示。

在"导出XML"对话框的"常规"选项卡中包括以下选项。

• "包含DTD声明"复选框：可以将载入的DTD文件与导出的XML文件相关联。注意仅当载入DTD文件时该选项才可用。

• "查看XML的工具"复选框：可以指定用来查看该文件的浏览器或XML编辑应用程序后即可以查看导出的XML文件。

• "从选定元素导出"复选框：可以从文档中选定元素处开始导出。只有在"结构"窗口中选中某个元素后，该选项才可用。

• "将未标记的表作为CALS XML导出"复选框：只有当表位于带有标签的框架中并且表不具有标签时，才能将表导出。

• "重新映射换行符、空格和特殊字符"复选框：将换行符、空格和特殊字符作为十进制字符实体而非直接字符导出。

• "应用XSLT"复选框：应用样式表以定义从导出的XML向其他格式（例如，经过修改的XML树或HTML）的变换。选择"浏览"选项，以便从文件系统中选择一个XSLT文件。选择"使用XML中的样式表"选项将使用XSLT变换指令。

• 在"编码"下拉列表框中可以选择编码类型，例如Shift-JIS用于亚洲字符。

如果要导出的文档包含表，那么必须为这些表添加标签，否则InDesign不会将它们导出至XML中。

在"导出XML"对话框的"图像"选项卡中可设置以下选项。

- "原始图像"复选框，可以将原始图像文件的一个副本置入"图像"子文件夹中。
- "优化的原始图像"复选框，可以在优化原始图像文件后将文件副本置入"图像"子文件夹中。
- "优化的格式化图像"复选框，可以在优化包含变换的原始图像文件后，将文件副本置入图像子文件夹中。

在"导出XML"对话框的"图像"选项卡中，选中了"优化的原始图像"或"优化的格式化图像"复选框后，还可以为优化的图像进一步指定选项，如图11-22所示。

- 在"图像转换"下拉列表框中，可以指定转换的图像所使用的文件格式。如果选择"自动"选项，InDesign将会根据图像选择最佳文件类型。
- 在"GIF选项"选项设置区域中，可以为在导出至XML时转换为GIF格式的图像指定格式。在"面板"下拉列表框中可以指定转换时图像要遵照的颜色面板，选择用于XML内容最终显示格式的面板；选中"交错"复选框后，每次只下载图像的奇数行或偶数行，而不是一次就下载完整幅图像。利用交错方式可以对图像进行预览，以便实现快速下载，后续每一次都会将分辨率提高一些，直到满足最终品质要求为止。
- 在"JPEG选项"选项设置区域中，可以为导出至XML时转换为JPEG格式的图像指定格式。在"图像品质"下拉列表框中，可以指定转换的图像的品质，品质设置越高，文件就越大、下载时间也越长。在"格式方法"下拉列表框中，可以指定针对下载需求对JPEG图像进行格式化。

在"导出XML"对话框的"选项"选项卡中，选中"将拼音导出为XML"复选框，可以将拼音文本导出到XML文件中，如图11-23所示。

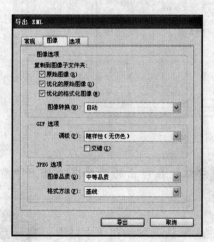

图11-22 "导出XML"对话框的
"图像"选项卡

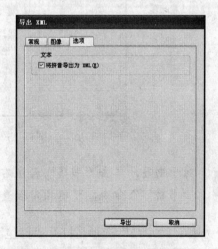

图11-23 "导出XML"对话框的
"选项"选项卡

在完成了"导出XML"对话框中所有的设置后，单击"导出"按钮开始导出操作。导出完成后，打开该XML文件就可以看到导出后的内容，如图11-24所示。

```xml
<?xml version="1.0" encoding="UTF-8" standalone="yes" ?>
- <Root>
    <Root />
    <Root />
    <图像 />
    <文章>今天是个好天气！</文章>
  </Root>
```

图11-24 打开导出后的XML文件

11.4 打印

出版物制作好后，打印是一个重要环节，将文件准确无误地打印出来，需要了解与打印有关的内容，设置打印选项、预检文档是否有问题、打包文件、拼版等。在本节中将对文件的最后处理作详细介绍。

1. 打包文档

为了便于对输出文件进行管理，InDesign CS4提供了功能强大的"打包"命令。打包文件时，可创建包含InDesign文档（或书籍文件中的文档）、任何必要的字体、链接的图形、文本文件和自定报告的文件夹。此报告包括"打印说明"对话框中的信息，打印文档需要的所有使用的字体、链接和油墨的列表，以及打印设置。

用户在打包文档前，可以对文档进行详细的预检，相比之前的版本，InDesign CS4将预检和打包功能合为一体，安排更加科学。

在打开需要打印的出版物之后，执行"文件"|"打包"命令，打开"打包"对话框，列出预检的结果。单击对话框左侧列表框中的选项，可以查看对应选项的预检详细信息，如图11-25所示。

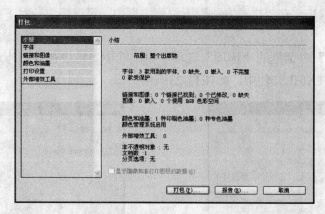

图11-25 "打包"对话框

 对于书籍，单击"书籍"面板右上角的 ▼☰ 按钮，在弹出的菜单中选择"印前检查'书籍'"命令，可以指定检查整本书籍。

• 小结："小结"选项是打开"打包"对话框后的默认选项，在"小结"设置界面中，可以了解关于需要打印的文件中字体、颜色、打印设置、图像链接等各方面的简明信息。如果出版物在某个方面出现问题，在"小结"设置界面中对应的地方会标示出 ⚠ 图标，提醒用户可以根据需要，更正相应的问题后再进行输出。

• 字体：单击"打包"对话框左侧列表框中的"字体"选项，将打开"字体"设置界面，如图11-26所示。在"字体"设置界面中列出了当前出版物中所应用的所有字体的名称、类型和状态。选中"仅显示有问题项目"复选框，将只显示有问题的字体，如图11-27所示。单击"查找字体"按钮，打开"查找字体"对话框，在该对话框中可以对有问题的字体进行替换，如图11-28所示。其中左侧的列表框，显示出文档中所用的全部字体（包括出错的字体），可以在上面单击鼠标，使其处于选中状态，然后在下方"替换为"选项区域中设置要替换成的字体。

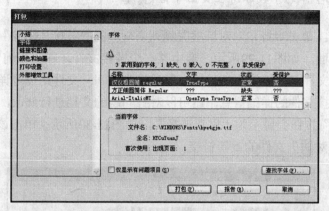

图11-26　"字体"设置界面

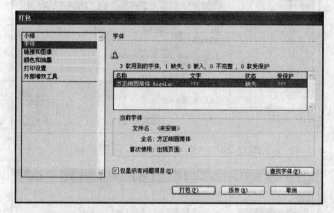

图11-27　显示出现问题的字体

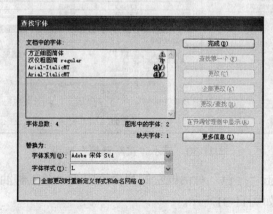

图11-28　"查找字体"对话框

· 查找第一个：查找所选字体在文档中第一次出现的位置。
· 更改：对查找到的字体实施替换操作。
· 全部更改：将文档中所有当前所选择的字体实施替换操作。
· 更改/查找：将文档中第一次查找到的字体替换，再继续查找所选定的字体，直到文档的结尾。

单击"更多信息"按钮，则可以显示所选中字体的名称、样式、类型，以及在文档中使用此字体的字数和所在页面等信息。

• 链接和图像：单击"打包"对话框左侧列表框中的"链接和图像"选项，将打开"链接和图像"设置界面，如图11-29所示。选中某一个链接文件，在"当前链接/图像"区域将显示该链接图像的文件名、链接更新时间、最后修改时间、文件路径等详细信息。利用此命令不仅可以了解链接文件的详细信息，还可以对有问题的文档进行修改，当选中缺失的文件时，右侧的"更新"按钮会显示为"重新链接"，如图11-30所示。单击该按钮重新链接所需的文件，即可完成对缺失文件的重新链接。

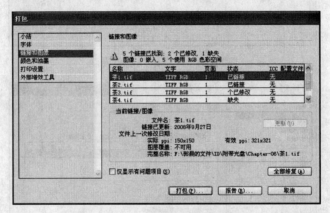

图11-29 "链接和图像"设置界面

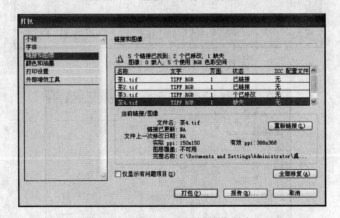

图11-30 显示"重新链接"按钮

• 颜色和油墨：单击"打包"对话框左侧列表框中的"颜色和油墨"选项，将打开"颜色和油墨"设置界面，如图11-31所示。

在"颜色和油墨"设置界面中显示出了当前文档中用到的所有颜色的名字和类型，还会显示所使用到的专色油墨的数量，以及CMS颜色管理的状态等信息。

• 打印设置：单击"打包"对话框左侧列表框中的"打印设置"选项，将打开"打印设置"设置界面，其中列出了当前文档中有关打印设置的全部内容，如图11-32所示。对于当前文件的预检信息不仅可以采用信息框分别浏览，还可以采用直接单击下方的"报告"按钮来直接生成一个详细的文本文件的报告。单击"报告"按钮，打开"存储为"对话框，如图11-33所示。在此对话框中，可以为报告文件取一个名称，以及选择保存文件的文件夹等。如图11-34所示为此文件的预检报告文件打开时的状态，其中包括出版物的名称、打包预检的时间、创建日期、修改日期，以及预检报告的内容等。

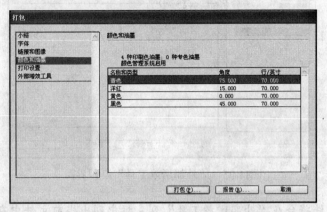

图11-31 "颜色和油墨"设置界面

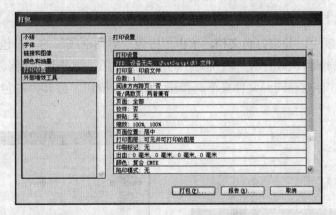

图11-32 "打印设置"设置界面

图11-33 "存储为"对话框

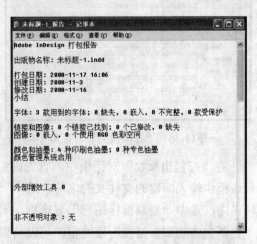

图11-34 打开的预检报告文件

• 外部增效工具：单击"打包"对话框左侧列表框中的"外部增效工具"选项，将打开"外部增效工具"设置界面，如图11-35所示。

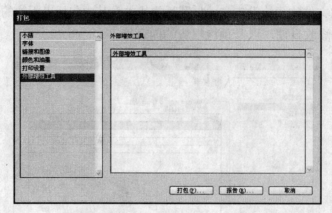

图11-35　"外部增效工具"设置界面

 如果有插件将会在"外部增效工具"列表框中列出当前文件中有关外部插件的全部信息。

预检文档后，就可以开始打包文档，单击"打包"对话框底部的"打包"按钮，弹出"打印说明"对话框，如图11-36所示。输入文件的基本信息后，这些信息会以文本文件的方式同打包的InDesign文件存放在同一文件夹下。单击"继续"按钮，打开"打包出版物"对话框，如图11-37所示。

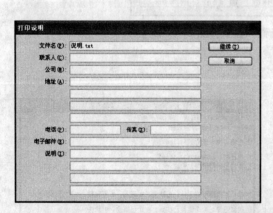

图11-36　"打印说明"对话框

图11-37　"打包出版物"对话框

在"打包出版物"对话框中，首先确定文件夹保存的路径位置；在"文件夹名称"下拉列表框中输入新建的文件夹的名称；选中"复制字体"复选框，可以复制文档中的字体到文件夹中；选中"复制链接图形"复选框，可以复制所有文档中链接的图像到文件夹中；选中"更新包中的图形链接"复选框，可以将原来图像的链接信息更新为当前文件夹中的链接；选中"仅使用文档连字例外项"复选框，文件夹中将不包含使用连接符的链接文件；选中"包括隐藏和非打印内容的字体和链接"复选框，文件夹中将包含隐藏和非打印图层的字体和链接；选中"查看报告"复选框，在打包操作完成以后会自动打开文本说明文件；单击"说明"按钮，可以继续编辑打印说明；单击"保存"按钮，开始打包文件并打开"警告"对话框，如图11-38所示。

在"警告"对话框中单击"确定"按钮，打开"打包文档"对话框，如图11-39所示，该对话框中显示了打包的进度。

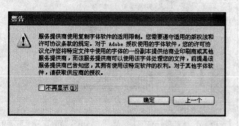

图11-38　"警告"对话框

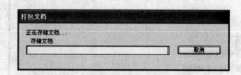

图11-39　"打包文档"对话框

打包操作结束以后，可打开"说明"文本文件查看，新建的文件夹中包括了复制的字体、链接的图像文件、InDesign文件和"说明"文本文件等，如图11-40和图11-41所示。

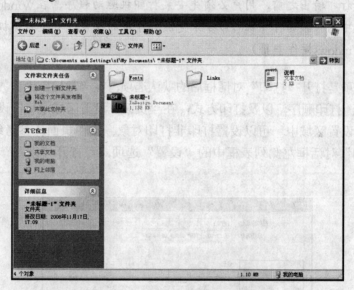

图11-40　打包文件夹中的内容

2. 打印文档

当整个排版文件完成后，用户可以根据需要来对排版文件的内容进行以下的输出操作。

- 用激光打印机在纸质介质上打印各种校样或最终出版物。
- 用激光照排机输出供印刷晒版用的胶片。
- 用直接制版机（CPT）输出供印刷用的印版。
- 用数字印刷机直接输出印刷品。

在InDesign CS4中所有的打印设置都是在"打印"对话框中完成的，执行"文件"|"打印"命令，打开"打印"对话框，如图11-42所示。

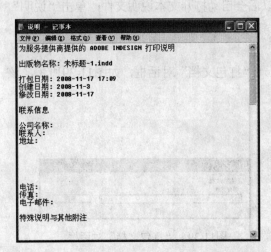

图11-41　"说明"文本文件内容

图11-42　"打印"对话框

　在进行打印输出之前，用户必须先安装打印机驱动程序，在Windows系统中通过控制面板中的"添加打印机"命令来完成打印机的安装（有关打印机的安装请参阅相关的Windows操作书籍）。

　　"常规"选项是打开"打印"对话框后的默认选项，在"常规"设置界面中可以设置出版物打印的份数、打印顺序，以及打印方式；在"页面"设置区域中可以设置打印的页面范围；在"选项"设置区域中，可以设置打印非打印对象、空白页面、参考线和基线网格。

　　单击"打印"对话框左侧列表框中的"设置"选项，可打开"设置"设置界面，如图11-43所示。

图11-43　"设置"设置界面

提示 在"设置"设置界面的"纸张大小"设置区域中可以设置纸张大小、纸张方向等参数；在"选项"设置区域中，可以设置出版物打印的缩放比例、打印的内容与页面的相对位置、缩览图、拼贴等参数。

单击"打印"对话框左侧列表框中的"标记和出血"选项，可打开"标记和出血"设置界面，如图11-44所示。

图11-44 "标记和出血"设置界面

提示 在"标记和出血"设置区域中，可以设置在打印输出时的各种标记；在"出血和辅助信息区"设置区域中，可以设置是使用文档中的出血设置，还是重新定义出血设置及出版物在输出时对辅助信息区的取舍。

单击"打印"对话框左侧列表框中的"输出"选项，可打开"输出"设置界面，如图11-45所示。

图11-45 "输出"设置界面

在"输出"设置界面中可以设置出版物在输出过程中的颜色、陷印、翻转、加网及油墨控制等参数。

单击"打印"对话框左侧列表框中的"图形"选项，可打开"图形"设置界面，如图11-46所示。

图11-46　"图形"设置界面

 在"图形"设置界面中的"图像"设置区域中可以设置图像的输出精度；在"字体"设置区域中可以对在打印字库中没有PostScript字体的情况进行处理。

单击"打印"对话框左侧列表框中的"颜色管理"选项，可打开"颜色管理"设置界面，如图11-47所示。

图11-47　"颜色管理"设置界面

在"颜色管理"设置界面的"打印"设置区域中，可以设置打印时采用的颜色配置文件；在"选项"设置区域中，可以选择颜色处理方案和打印机的颜色配置文件。

单击"打印"对话框左侧列表框中的"高级"选项，可打开"高级"设置界面，如图11-48所示。

图11-48 "高级"设置界面

在"高级"设置界面中可以设置渐变色的处理、透明的精度，以及支持OPI服务等参数，以达到最佳的输出效果。

单击"打印"对话框左侧列表框中的"小结"选项，进入"小结"设置界面，如图11-49所示。在该界面中对前面所进行的所有设置进行汇总，通过汇总的数据来检查打印设置，避免错误的输出。

图11-49 "小节"设置界面

在此对话框的底部有一个"存储小结"按钮，单击此按钮会弹出一个"存储打印小结"对话框，可以将小结保存为文本文件以提供给输出中心或后续的制作者，起到说明的作用。

全部设置完毕后，单击"打印"按钮，即可打印文档。

3. 打印机设置

如果安装了多台打印机，可以在"打印"对话框的"打印机"下拉列表框中选择要使用的打印机。需要注意的是，如果只安装了一台打印机或者非PostScript打印机，则在InDesign中有一些打印功能将不能使用。

选择好打印机后，单击"打印"对话框中的"设置"按钮，将出现一个警告对话框，说明可以在InDesign中设置打印的参数，如图11-50所示。

如果想在以后操作此选项时不显示该对话框，则在对话框中勾选"不再显示"复选框即可。

4. 打印书籍

如果需要在InDesign CS4中打印书籍，首先要打开制作好的书籍，也可以在创建完毕的状态下直接打印。具体操作时，单击相应书籍面板底部的"打印书籍"按钮，会弹出"打印"对话框，之后的设置及输出方法与打印文档相同，在此不再重述。

5. 设置对象为非打印对象

在某些特殊情况下，页面中的对象可能需要在视图中显示，但不需要打印出来，例如某些批注和修改意见等，该对象可以是文本块、图形、置入的对象等。

设置非打印对象时，首先选中不想打印的对象，执行"窗口"|"属性"菜单命令，打开"属性"面板，如图11-51所示，然后在面板中勾选"非打印"复选框，即可将选中的对象设置为非打印属性。

图11-50 "警告"对话框

图11-51 设置非打印对象

课后练习

1. 简答题

（1）可作为超链接目标的对象有哪些？

（2）怎样查看超链接？

（3）XML文件与HTML文件有哪些异同？

（4）在InDesign CS4中怎样创建PDF文件？

（5）打印选项区域中可以设置哪些参数？

2. 操作题

创建宣传册PDF文件，示例效果如图11-52所示。

图11-52　宣传册PDF文件

要求：

（1）制作完毕后，将文件导出为PDF格式。

（2）文件尺寸为380mm×210mm。

反侵权盗版声明

电子工业出版社依法对本作品享有专有出版权。任何未经权利人书面许可，复制、销售或通过信息网络传播本作品的行为；歪曲、篡改、剽窃本作品的行为，均违反《中华人民共和国著作权法》，其行为人应承担相应的民事责任和行政责任，构成犯罪的，将被依法追究刑事责任。

为了维护市场秩序，保护权利人的合法权益，我社将依法查处和打击侵权盗版的单位和个人。欢迎社会各界人士积极举报侵权盗版行为，本社将奖励举报有功人员，并保证举报人的信息不被泄露。

举报电话：（010）88254396；（010）88258888

传　　真：（010）88254397

E-mail：　dbqq@phei.com.cn

通信地址：北京市万寿路173信箱

　　　　　电子工业出版社总编办公室

邮　　编：100036